“十三五”应用型本科院校系列教材/同步学习指导丛书

主　编　高恒嵩
副主编　顾　贞　巨小维

线性代数学习指导

A Guide to the Study of Linear Algebra

哈爾濱工業大學出版社

内 容 简 介

本书为应用型本科院校规划教材的学习指导丛书，是与洪港、于莉琦主编的《线性代数》相配套的学习指导书。内容包括：行列式、矩阵、线性方程组、相似矩阵、二次型。每章都编写了以下五方面的内容：内容提要，典型题精解，教材习题同步解析，验收测试题，验收测试题答案。并且在本书最后编写了自测习题，共 4 套，并附有答案。

本书可供应用型本科院校相关专业学生使用，也可作为教师与科技工作者的参考书。

图书在版编目(CIP)数据

线性代数学习指导/高恒嵩主编. —哈尔滨：哈尔滨工业大学出版社，2018.1(2024.1 重印)

ISBN 978 - 7 - 5603 - 5912 - 0

Ⅰ.①线… Ⅱ.①高… Ⅲ.①线性代数-高等学校-教学参考资料 Ⅳ.①O151.2

中国版本图书馆 CIP 数据核字(2016)第 062196 号

策划编辑 杜 燕
责任编辑 李长波
出版发行 哈尔滨工业大学出版社
社 址 哈尔滨市南岗区复华四道街 10 号 邮编 150006
传 真 0451 - 86414749
网 址 http://hitpress.hit.edu.cn
印 刷 哈尔滨市颉升高印刷有限公司
开 本 787mm×1092mm 1/16 印张 9 字数 205 千字
版 次 2018 年 1 月第 1 版 2024 年 1 月第 4 次印刷
书 号 ISBN 978 - 7 - 5603 - 5912 - 0
定 价 22.00 元

序

哈尔滨工业大学出版社策划的《“十三五”应用型本科院校系列教材》即将付梓，诚可贺也。

该系列教材卷帙浩繁，凡百余种，涉及众多学科门类，定位准确，内容新颖，体系完整，实用性强，突出实践能力培养。不仅便于教师教学和学生学习，而且满足就业市场对应用型人才的迫切需求。

应用型本科院校的人才培养目标是面对现代社会生产、建设、管理、服务等一线岗位，培养能直接从事实际工作、解决具体问题、维持工作有效运行的高等应用型人才。应用型本科与研究型本科和高职高专院校在人才培养上有着明显的区别，其培养的人才特征是：①就业导向与社会需求高度吻合；②扎实的理论基础和过硬的实践能力紧密结合；③具备良好的人文素质和科学技术素质；④富于面对职业应用的创新精神。因此，应用型本科院校只有着力培养“进入角色快、业务水平高、动手能力强、综合素质好”的人才，才能在激烈的就业市场竞争中站稳脚跟。

目前国内应用型本科院校所采用的教材往往只是对理论性较强的本科院校教材的简单删减，针对性、应用性不够突出，因材施教的目的难以达到。因此亟须既有一定的理论深度又注重实践能力培养的系列教材，以满足应用型本科院校教学目标、培养方向和办学特色的需要。

哈尔滨工业大学出版社出版的《“十三五”应用型本科院校系列教材》，在选题设计思路上认真贯彻教育部关于培养适应地方、区域经济和社会发展需要的“本科应用型高级专门人才”精神，根据前黑龙江省委书记吉炳轩同志提出的关于加强应用型本科院校建设的意见，在应用型本科试点院校成功经验总结的基础上，特邀请黑龙江省 9 所知名的应用型本科院校的专家、学者联合编写。

本系列教材突出与办学定位、教学目标的一致性和适应性，既严格遵照学科体系的知识构成和教材编写的一般规律，又针对应用型本科人才培养目标及与之相适应的教学特点，精心设计写作体例，科学安排知识内容，围绕应用讲授理论，做到“基础知识够用、实践技能实用、专业理论管用”，同时注意适当融入新理论、新技术、新工艺、新成果，并且制作了与本书配套的 PPT 多媒体教学课件，形成立体化教材，供教师参考使用。

《“十三五”应用型本科院校系列教材》的编辑出版，是适应“科教兴国”战略对复合型、应用型人才的需求，是推动相对滞后的应用型本科院校教材建设的一种有益尝试，在应用型创新人才培养方面是一件具有开创意义的工作，为应用型人才的培养提供了及时、可靠、坚实的保证。

希望本系列教材在使用过程中，通过编者、作者和读者的共同努力，厚积薄发、推陈出新、细上加细、精益求精，不断丰富、不断完善、不断创新，力争成为同类教材中的精品。

前　言

为了加强学生的自学能力、分析问题与解决问题能力的培养，加强学生的课外学习指导，我们编写了这套学习指导书。这套学习指导书是与应用型本科院校教学系列教材相匹配的。

本书是与洪港、于莉琦主编的《线性代数》教材相配套的学习指导书。内容包括：行列式、矩阵、线性方程组、相似矩阵、二次型。每章都编写了以下五方面的内容：内容提要，典型题精解，教材习题同步解析，验收测试题，验收测试题答案。并且在本书最后编写了自测习题，共4套，并附有答案。

本书由高恒嵩副教授任主编，顾贞、巨小维任副主编，洪港老师对全书进行了统稿和审阅。在编写过程中也参阅了我们以往教学过程中积累的有关材料和兄弟院校的相关资料，在此向相关资料作者一并表示感谢。

建议读者在使用本书时，不要急于参阅书后的答案，首先要独立思考，多做习题，尤其是多做基础性和综合性习题，这对掌握教材的理论与方法有着不可替代的作用。希望本书能在你解题“山重水复疑无路”之时，将你带到“柳暗花明又一村”的境界，引导你不断提高自学及分析问题与解决问题的能力。

由于水平有限，书中难免存在疏漏与不足之处，敬请广大读者不吝指教。

编　者

2017年12月

目　　录

第 1 章 行列式

1.1 内容提要

一、行列式的定义、性质及计算

1. 二阶行列式

定义 1 由 2^2 个数排成 2 行 2 列得到如下算式：

$$\begin{vmatrix} a_{11} & a_{12} \\ a_{21} & a_{22} \end{vmatrix} = a_{11}a_{22} - a_{12}a_{21}$$

称为二阶行列式. 记为 D.

数 $a_{ij}\,(i,j=1,2)$ 称为二阶行列式的元素. 元素 a_{ij} 的第一个下标 i 称为行标，表明该元素位于第 i 行，第二个下标 j 称为列标，表明该元素位于第 j 列. a_{ij} 表示行列式第 i 行第 j 列相交处的元素.

2. 三阶行列式与 n 阶行列式

定义 2 由 3^2 个数排成 3 行 3 列得到如下算式：

$$D = \begin{vmatrix} a_{11} & a_{12} & a_{13} \\ a_{21} & a_{22} & a_{23} \\ a_{31} & a_{32} & a_{33} \end{vmatrix}$$

$$= a_{11}\,(-1)^{1+1}\begin{vmatrix} a_{22} & a_{23} \\ a_{32} & a_{33} \end{vmatrix} + a_{12}\,(-1)^{1+2}\begin{vmatrix} a_{21} & a_{23} \\ a_{31} & a_{33} \end{vmatrix} + a_{13}\,(-1)^{1+3}\begin{vmatrix} a_{21} & a_{22} \\ a_{31} & a_{32} \end{vmatrix}$$

$$= a_{11}a_{22}a_{33} + a_{12}a_{23}a_{31} + a_{13}a_{21}a_{32} - a_{11}a_{23}a_{32} - a_{12}a_{21}a_{33} - a_{13}a_{22}a_{31}$$

称为三阶行列式. 三阶行列式展开式共有 3! 项.

定义 3 由 n^2 个数排成 n 行 n 列得到如下算式：

$$D = \begin{vmatrix} a_{11} & a_{12} & \cdots & a_{1n} \\ a_{21} & a_{22} & \cdots & a_{2n} \\ \vdots & \vdots & & \vdots \\ a_{n1} & a_{n2} & \cdots & a_{nn} \end{vmatrix} = a_{11}A_{11} + a_{12}A_{12} + \cdots + a_{1n}A_{1n}$$

称为 n 阶行列式.

其中

$$A_{1j}=(-1)^{1+j}\begin{vmatrix} a_{21} & \cdots & a_{2,j-1} & a_{2,j+1} & \cdots & a_{2n} \\ a_{31} & \cdots & a_{3,j-1} & a_{3,j+1} & \cdots & a_{3n} \\ \vdots & \vdots & \vdots & \vdots & & \vdots \\ a_{n1} & \cdots & a_{n,j-1} & a_{n,j+1} & \cdots & a_{nn} \end{vmatrix} \quad (j=1,2,\cdots,n)$$

3.三阶行列式的其他计算方法

对角线法则：

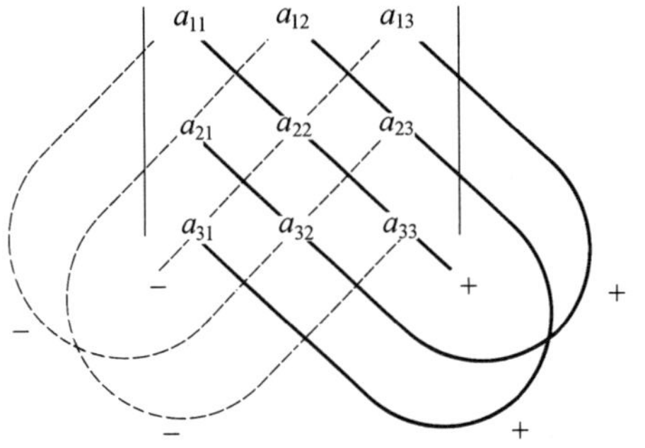

$$=a_{11}a_{22}a_{33}+a_{12}a_{23}a_{31}+a_{13}a_{21}a_{32}-a_{11}a_{23}a_{32}-a_{12}a_{21}a_{33}-a_{13}a_{22}a_{31}$$

沙路法则：

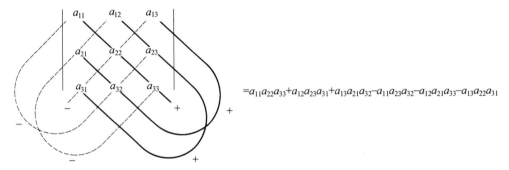

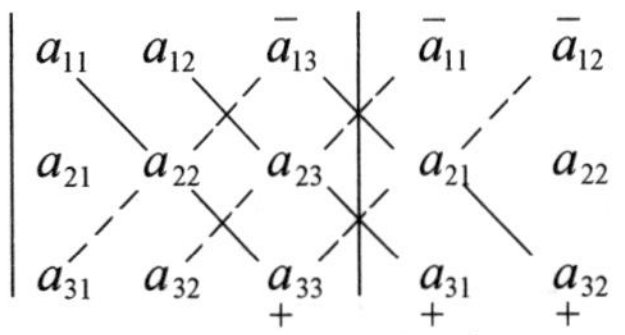

$$=a_{11}a_{22}a_{33}+a_{12}a_{23}a_{31}+a_{13}a_{21}a_{32}-a_{11}a_{23}a_{32}-a_{12}a_{21}a_{33}-a_{13}a_{22}a_{31}$$

4.行列式的展开法则

n 阶行列式中划去元素 a_{ij} 所在的第 i 行和第 j 列的元素，余下的元素按照原来位置构成的 $n-1$ 阶行列式，称为元素 a_{ij} 的余子式，记作 M_{ij}，称 $A_{ij}=(-1)^{i+j}M_{ij}$ 为元素 a_{ij} 的代数余子式.

定理 1 三阶行列式等于它任意一行(列)的所有元素与其对应的代数余子式乘积之和. 即

$$D=\begin{vmatrix} a_{11} & a_{12} & a_{13} \\ a_{21} & a_{22} & a_{23} \\ a_{31} & a_{32} & a_{33} \end{vmatrix}$$

$$=a_{i1}A_{i1}+a_{i2}A_{i2}+a_{i3}A_{i3}=\sum_{j=1}^{3}a_{ij}A_{ij} \quad (i=1,2,3)$$

$$=a_{1j}A_{1j}+a_{2j}A_{2j}+a_{3j}A_{3j}=\sum_{i=1}^{3}a_{ij}A_{ij} \quad (j=1,2,3)$$

定理 2 n 阶行列式等于它任意一行(列)的所有元素与其对应的代数余子式乘积之和. 即

$$
\begin{aligned}
D=&\begin{vmatrix} a_{11} & a_{12} & \cdots & a_{1n} \\ a_{21} & a_{22} & \cdots & a_{2n} \\ \vdots & \vdots & & \vdots \\ a_{n1} & a_{n2} & \cdots & a_{nn} \end{vmatrix} \\
&=a_{i1}A_{i1}+a_{i2}A_{i2}+\cdots+a_{in}A_{in} \quad (i=1,2,\cdots,n) \\
&=a_{1j}A_{1j}+a_{2j}A_{2j}+\cdots+a_{nj}A_{nj} \quad (j=1,2,\cdots,n)
\end{aligned}
$$

也称拉普拉斯展开式.

二、行列式的性质

1.行列式的性质

性质1　行列式与它的转置行列式相等.

性质2　互换行列式的两行(列)，行列式变号.

推论1　如果行列式有两行(列)完全相同，则此行列式等于零.

推论2　设有 n 阶行列式

$$
D=\begin{vmatrix} a_{11} & a_{12} & \cdots & a_{1n} \\ a_{21} & a_{22} & \cdots & a_{2n} \\ \vdots & \vdots & & \vdots \\ a_{n1} & a_{n2} & \cdots & a_{nn} \end{vmatrix}
$$

A_{ij} 是 D 中元素 a_{ij} 的代数余子式$(i,j=1,2,\cdots,n)$，则

$$
\begin{cases} a_{i1}A_{j1}+a_{i2}A_{j2}+\cdots+a_{in}A_{jn}=0 & (i,j=1,2,\cdots,n;i\neq j) \\ a_{1i}A_{1j}+a_{2i}A_{2j}+\cdots+a_{ni}A_{nj}=0 & (i,j=1,2,\cdots,n;i\neq j) \end{cases}
$$

性质3　行列式的某一行(列)中所有元素都乘以同一个数 k，等于用数 k 乘以此行列式.

推论　行列式的某一行(列)中所有元素公因子可以提到行列式记号的外面.

性质4　如果行列式有两行(列)元素成比例，则此行列式等于零.

性质5　如果行列式的某一行(列)元素都是两个数之和，例如第 i 行的元素都是两个数之和：

$$
D=\begin{vmatrix} a_{11} & a_{12} & \cdots & a_{1n} \\ a_{21} & a_{22} & \cdots & a_{2n} \\ \vdots & \vdots & & \vdots \\ a_{i1}+b_{i1} & a_{i2}+b_{i2} & \cdots & a_{in}+b_{in} \\ \vdots & \vdots & & \vdots \\ a_{n1} & a_{n2} & \cdots & a_{nn} \end{vmatrix}
$$

那么 D 等于下列两个行列式之和：

$$D=\begin{vmatrix} a_{11} & a_{12} & \cdots & a_{1n} \\ a_{21} & a_{22} & \cdots & a_{2n} \\ \vdots & \vdots & & \vdots \\ a_{i1} & a_{i2} & \cdots & a_{in} \\ \vdots & \vdots & & \vdots \\ a_{n1} & a_{n2} & \cdots & a_{nn} \end{vmatrix}+\begin{vmatrix} a_{11} & a_{12} & \cdots & a_{1n} \\ a_{21} & a_{22} & \cdots & a_{2n} \\ \vdots & \vdots & & \vdots \\ b_{i1} & b_{i2} & \cdots & b_{in} \\ \vdots & \vdots & & \vdots \\ a_{n1} & a_{n2} & \cdots & a_{nn} \end{vmatrix}$$

性质 6 如果行列式的某一行(列)元素都乘以同一个数然后加到另一行(列)对应的元素上去，行列式不变.

2.利用"三角化"计算行列式

计算行列式时，常用行列式的性质，把它化为三角形行列式来计算.例如，化为上三角形行列式的步骤是：

如果第一列第一个元素为0，先将第一行与其他行交换使得第一列第一个元素不为0，然后把第一行分别乘以适当的数加到其他各行，使得第一列除第一个元素外其余元素全为0；再用同样的方法处理除去第一行和第一列后余下的低一阶行列式；如此继续下去，直至使它成为上三角形行列式，这时主对角线上元素的乘积就是所求行列式的值.

三、克莱姆法则

我们先介绍有关 n 元线性方程组的概念，含有 n 个未知数 $x_1, x_2, \cdots, x_n$ 的线性方程组

$$\begin{cases} a_{11}x_1+a_{12}x_2+\cdots+a_{1n}x_n=b_1 \\ a_{21}x_1+a_{22}x_2+\cdots+a_{2n}x_n=b_2 \\ \quad\vdots \\ a_{n1}x_1+a_{n2}x_2+\cdots+a_{nn}x_n=b_n \end{cases} \tag{1}$$

称为 n 元线性方程组.当其右端的常数项 $b_1, b_2, \cdots, b_n$ 不全为零时，线性方程组(1)称为非齐次线性方程组，当 $b_1, b_2, \cdots, b_n$ 全为零时，线性方程组(1)称为齐次线性方程组，即

$$\begin{cases} a_{11}x_1+a_{12}x_2+\cdots+a_{1n}x_n=0 \\ a_{21}x_1+a_{22}x_2+\cdots+a_{2n}x_n=0 \\ \quad\vdots \\ a_{n1}x_1+a_{n2}x_2+\cdots+a_{nn}x_n=0 \end{cases} \tag{2}$$

线性方程组(1)的系数 a_{ij} 构成的行列式称为该方程组的系数行列式 D，即

$$D=\begin{vmatrix} a_{11} & a_{12} & \cdots & a_{1n} \\ a_{21} & a_{22} & \cdots & a_{2n} \\ \vdots & \vdots & & \vdots \\ a_{n1} & a_{n2} & \cdots & a_{nn} \end{vmatrix}$$

定理 3 (克莱姆法则)若线性方程组(1)的系数行列式 $D \neq 0$，则线性方程组(1)有唯一解，其解为

$$x_j = \frac{D_j}{D} \quad (j=1,2,\cdots,n) \tag{3}$$

其中 $D_j(j=1,2,\cdots,n)$ 是把 D 中的第 j 列元素 $a_{1j},a_{2j},\cdots,a_{nj}$，对应地换成常数项 b_1，$b_2,\cdots,b_n$，而其余各列保持不变所得到的行列式.

注:这个定理的证明将在第 2 章 §2.4 中给出.

定理 4　如果线性方程组(1) 的系数行列式 $D \neq 0$，则线性方程组(1) 一定有解，且解是唯一的.

在解题或证明中，常用到定理 4 的逆否定理：

定理 4′　如果线性方程组(1) 无解或解不是唯一的，则它的系数行列式必为零.

对齐次线性方程组(2) 易见 $x_1 = x_2 = \cdots = x_n = 0$ 一定是该方程组的解，称其为齐次线性方程组(2) 的零解，把定理 4 应用于齐次线性方程组(2) 可得到下列结论.

定理 5　如果齐次线性方程组(2) 的系数行列式 $D \neq 0$，则齐次线性方程组(2) 只有零解.

定理 5′　如果齐次线性方程组(2) 有非零解，则它的系数行列式 $D = 0$.

1.2　典型题精解

例 1　解方程组 $\begin{cases} 2x_1 + 3x_2 = 8 \\ x_1 - 2x_2 = -3 \end{cases}$.

解

$$D = \begin{vmatrix} 2 & 3 \\ 1 & -2 \end{vmatrix} = 2 \times (-2) - 3 \times 1 = -7$$

$$D_1 = \begin{vmatrix} 8 & 3 \\ -3 & -2 \end{vmatrix} = 8 \times (-2) - 3 \times (-3) = -7$$

$$D_2 = \begin{vmatrix} 2 & 8 \\ 1 & -3 \end{vmatrix} = 2 \times (-3) - 8 \times 1 = -14$$

因 $D \neq 0$，故题设方程组有唯一解：

$$x_1 = \frac{D_1}{D} = \frac{-7}{-7} = 1, \quad x_2 = \frac{D_2}{D} = \frac{-14}{-7} = 2$$

例 2　设 $D = \begin{vmatrix} a & 1 & 0 \\ 1 & a & 0 \\ 4 & 0 & 1 \end{vmatrix}$，试给出 $D > 0$ 的充分必要条件.

解　$D = \begin{vmatrix} a & 1 & 0 \\ 1 & a & 0 \\ 4 & 0 & 1 \end{vmatrix} = a^2 - 1 > 0$

则 $|a| > 1$，所以 $a > 1$ 或 $a < -1$.

例 3 计算行列式 $D=\begin{vmatrix} 1 & -1 & 1 & x-1 \\ 1 & -1 & x+1 & -1 \\ 1 & x-1 & 1 & -1 \\ x+1 & -1 & 1 & -1 \end{vmatrix}$.

解 $D=\begin{vmatrix} x & -1 & 1 & x-1 \\ x & -1 & x+1 & -1 \\ x & x-1 & 1 & -1 \\ x & -1 & 1 & -1 \end{vmatrix}=x\cdot\begin{vmatrix} 1 & -1 & 1 & x-1 \\ 1 & -1 & x+1 & -1 \\ 1 & x-1 & 1 & -1 \\ 1 & -1 & 1 & -1 \end{vmatrix}\xlongequal[i=2,3,4]{r_i-r_1}$

$$x\cdot\begin{vmatrix} 1 & -1 & 1 & x-1 \\ 0 & 0 & x & -x \\ 0 & x & 0 & -x \\ 0 & 0 & 0 & -x \end{vmatrix}\xlongequal{r_2\leftrightarrow r_3}-x\cdot\begin{vmatrix} 1 & -1 & 1 & x-1 \\ 0 & x & 0 & -x \\ 0 & 0 & x & -x \\ 0 & 0 & 0 & -x \end{vmatrix}=x^4$$

例 4 计算三阶行列式 $D=\begin{vmatrix} \alpha^2+1 & \alpha\beta & \alpha\gamma \\ \alpha\beta & \beta^2+1 & \beta\gamma \\ \alpha\gamma & \beta\gamma & \gamma^2+1 \end{vmatrix}$.

解 将第 1 行到第 3 行分别提出公因子 α,β,γ,得

$$D=\alpha\beta\gamma\cdot\begin{vmatrix} \alpha+\frac{1}{\alpha} & \beta & \gamma \\ \alpha & \beta+\frac{1}{\beta} & \gamma \\ \alpha & \beta & \gamma+\frac{1}{\gamma} \end{vmatrix}=\begin{vmatrix} \alpha^2+1 & \beta^2 & \gamma^2 \\ \alpha^2 & \beta^2+1 & \gamma^2 \\ \alpha^2 & \beta^2 & \gamma^2+1 \end{vmatrix}$$

$$\xlongequal{r_1+r_2+r_3}(\alpha^2+\beta^2+\gamma^2+1)\begin{vmatrix} 1 & \beta^2 & \gamma^2 \\ 1 & \beta^2+1 & \gamma^2 \\ 1 & \beta^2 & \gamma^2+1 \end{vmatrix}$$

$$\xlongequal[r_3-r_1]{r_2-r_1}(\alpha^2+\beta^2+\gamma^2+1)\begin{vmatrix} 1 & \beta^2 & \gamma^2 \\ 0 & 1 & 0 \\ 0 & 0 & 1 \end{vmatrix}$$

$$=\alpha^2+\beta^2+\gamma^2+1$$

例 5 计算行列式 $D=\begin{vmatrix} 6 & 1 & 1 & 1 \\ 1 & 6 & 1 & 1 \\ 1 & 1 & 6 & 1 \\ 1 & 1 & 1 & 6 \end{vmatrix}$.

解 $D\xlongequal[\substack{r_1+r_3\\ r_1+r_4}]{r_1+r_2}\begin{vmatrix} 9 & 9 & 9 & 9 \\ 1 & 6 & 1 & 1 \\ 1 & 1 & 6 & 1 \\ 1 & 1 & 1 & 6 \end{vmatrix}=9\begin{vmatrix} 1 & 1 & 1 & 1 \\ 1 & 6 & 1 & 1 \\ 1 & 1 & 6 & 1 \\ 1 & 1 & 1 & 6 \end{vmatrix}\xlongequal[\substack{r_3-r_1\\ r_4-r_1}]{r_2-r_1}9\begin{vmatrix} 1 & 1 & 1 & 1 \\ 0 & 5 & 0 & 0 \\ 0 & 0 & 5 & 0 \\ 0 & 0 & 0 & 5 \end{vmatrix}=1\ 125.$

例 6　计算 $D=\begin{vmatrix}3 & 4 & 5 & 6\\ 3 & 5-x^2 & 5 & 6\\ 7 & 8 & 9 & 10\\ 7 & 8 & 9 & 14-x^2\end{vmatrix}$.

解　由行列式的性质 2 的推论 1 可知：

当 $5-x^2=4$ 即 $x=\pm 1$ 时，D 中第 1、2 行对应元素相等. 此时 $D=0$，即 D 有因子 $(x-1)(x+1)$.

当 $14-x^2=10$ 即 $x=\pm 2$ 时，D 中第 3、4 行对应元素相等，因此 D 还有因子 $(x-2)(x+2)$.

由行列式的定义知，D 为 x 的 4 次多项式，故

$$D=a(x-1)(x+1)(x-2)(x+2) \qquad (*)$$

令 $x=0$，代入行列式可算出 $D=-32$，再将 $x=0, D=-32$ 代入式 $(*)$ 可得 $a=-8$，故

$$D=-8(x-1)(x+1)(x-2)(x+2)$$

例 7　计算三对角行列式

$$D_n=\begin{vmatrix}\alpha+\beta & \alpha & 0 & \cdots & 0 & 0\\ \beta & \alpha+\beta & \alpha & \cdots & 0 & 0\\ 0 & \beta & \alpha+\beta & \cdots & 0 & 0\\ \vdots & \vdots & \vdots & & \vdots & \vdots\\ 0 & 0 & 0 & \cdots & \alpha+\beta & \alpha\\ 0 & 0 & 0 & \cdots & \beta & \alpha+\beta\end{vmatrix} \quad (\alpha\neq\beta)$$

解　按第一列展开得到

$$D_n=(\alpha+\beta)\cdot\begin{vmatrix}\alpha+\beta & \alpha & \cdots & 0 & 0\\ \beta & \alpha+\beta & \cdots & 0 & 0\\ \vdots & \vdots & & \vdots & \vdots\\ 0 & 0 & \cdots & \alpha+\beta & \alpha\\ 0 & 0 & \cdots & \beta & \alpha+\beta\end{vmatrix}+$$

$$\beta\cdot(-1)^{2+1}\begin{vmatrix}\alpha & 0 & 0 & \cdots & 0 & 0\\ \beta & \alpha+\beta & \alpha & \cdots & 0 & 0\\ 0 & \beta & \alpha+\beta & \cdots & 0 & 0\\ \vdots & \vdots & \vdots & & \vdots & \vdots\\ 0 & 0 & 0 & \cdots & \alpha+\beta & \alpha\\ 0 & 0 & 0 & \cdots & \beta & \alpha+\beta\end{vmatrix}$$

$$=(\alpha+\beta)D_{n-1}-\alpha\beta D_{n-2} \quad (n\geqslant 3)$$

可见

$$D_1=\alpha+\beta=\frac{\alpha^2-\beta^2}{\alpha-\beta}$$

$$D_2=\begin{vmatrix}\alpha+\beta & \alpha \\ \beta & \alpha+\beta\end{vmatrix}=\alpha^2+\alpha\beta+\beta^2=\frac{\alpha^3-\beta^3}{\alpha-\beta}$$

假设 $D_{n-1}=\dfrac{\alpha^n-\beta^n}{\alpha-\beta}$,则有

$$D_n=5D_{n-1}-6D_{n-2}D_{n-1}=(\alpha+\beta)\frac{\alpha^n-\beta^n}{\alpha-\beta}-\alpha\beta\frac{\alpha^{n-1}-\beta^{n-1}}{\alpha-\beta}=\frac{\alpha^{n+1}-\beta^{n+1}}{\alpha-\beta}$$

由数学归纳法知

$$D_n=\frac{\alpha^{n+1}-\beta^{n+1}}{\alpha-\beta}$$

行列式 $\begin{vmatrix}5 & 2 & 0 & \cdots & 0 & 0 \\ 3 & 5 & 2 & \cdots & 0 & 0 \\ 0 & 3 & 5 & \cdots & 0 & 0 \\ \vdots & \vdots & \vdots & & \vdots & \vdots \\ 0 & 0 & 0 & \cdots & 5 & 2 \\ 0 & 0 & 0 & \cdots & 3 & 5\end{vmatrix}$ 即是上述特例.

例 8 计算 $n+1$ 阶行列式

$$D_{n+1}=\begin{vmatrix}a_0 & b_1 & b_2 & \cdots & b_{n-1} & b_n \\ c_1 & a_1 & 0 & \cdots & 0 & 0 \\ c_2 & 0 & a_2 & \cdots & 0 & 0 \\ \vdots & \vdots & \vdots & & \vdots & \vdots \\ c_n & 0 & 0 & \cdots & 0 & a_n\end{vmatrix}\quad (a_i\neq 0, i=1,2,\cdots,n)$$

将第 $i+1(i=1,2,\cdots,n)$ 列的 $-\dfrac{c_i}{a_i}$ 倍加到第一列上，得到

$$D_{n+1}=\begin{vmatrix}a_0-\sum\limits_{i=1}^{n}\dfrac{b_ic_i}{a_i} & b_1 & b_2 & \cdots & b_{n-1} & b_n \\ 0 & a_1 & 0 & \cdots & 0 & 0 \\ 0 & 0 & a_2 & \cdots & 0 & 0 \\ \vdots & \vdots & \vdots & & \vdots & \vdots \\ 0 & 0 & 0 & \cdots & 0 & a_n\end{vmatrix}$$

$$=a_1a_2\cdots a_n\left(a_0-\sum_{i=1}^{n}\frac{b_ic_i}{a_i}\right)$$

形如

$$\begin{vmatrix} x_1 & a & a & \cdots & a \\ a & x_2 & a & \cdots & a \\ a & a & x_3 & \cdots & a \\ \vdots & \vdots & \vdots & & \vdots \\ a & a & a & \cdots & x_n \end{vmatrix}$$

及

$$\begin{vmatrix} 1+a_1 & 1 & \cdots & 1 \\ 1 & 1+a_2 & \cdots & 1 \\ \vdots & \vdots & & \vdots \\ 1 & 1 & \cdots & 1+a_n \end{vmatrix} \quad (a_1a_2\cdots a_n \neq 0)$$

的行列式通过简单变形,也可转化为具有上述特征的行列式.

例 9 证明 $\begin{vmatrix} 1 & a^2 & a^3 \\ 1 & b^2 & b^3 \\ 1 & c^2 & c^3 \end{vmatrix} = (ab+bc+ca)\begin{vmatrix} 1 & a & a^2 \\ 1 & b & b^2 \\ 1 & c & c^2 \end{vmatrix}$ 成立.

证

$$\begin{aligned} \begin{vmatrix} 1 & a^2 & a^3 \\ 1 & b^2 & b^3 \\ 1 & c^2 & c^3 \end{vmatrix} &= \begin{vmatrix} 1 & 0 & 0 \\ 1 & b^2-a^2 & b^2(b-a) \\ 1 & c^2-a^2 & c^2(c-a) \end{vmatrix} \\ &= (b-a)(c-a)\begin{vmatrix} 1 & 0 & 0 \\ 1 & b+a & b^2 \\ 1 & c+a & c^2 \end{vmatrix} \\ &= (b-a)(c-a)\begin{vmatrix} b+a & b^2 \\ c+a & c^2 \end{vmatrix} \\ &= (b-a)(c-a)(c-b)(ab+bc+ca) \\ &= (ab+bc+ca)\begin{vmatrix} 1 & a & a^2 \\ 1 & b & b^2 \\ 1 & c & c^2 \end{vmatrix} \end{aligned}$$

例 10 证明 $\begin{vmatrix} 1+x & 1 & 1 & 1 \\ 1 & 1-x & 1 & 1 \\ 1 & 1 & 1+y & 1 \\ 1 & 1 & 1 & 1-y \end{vmatrix} = x^2y^2$.

证

$$\begin{vmatrix} 1+x & 1 & 1 & 1 \\ 1 & 1-x & 1 & 1 \\ 1 & 1 & 1+y & 1 \\ 1 & 1 & 1 & 1-y \end{vmatrix}$$

$$=\begin{vmatrix}1&1&1&1\\1&1-x&1&1\\1&1&1+y&1\\1&1&1&1-y\end{vmatrix}+\begin{vmatrix}x&1&1&1\\0&1-x&1&1\\0&1&1+y&1\\0&1&1&1-y\end{vmatrix}$$

$$=\begin{vmatrix}1&1&1&1\\0&-x&0&0\\0&0&y&0\\0&0&0&0-y\end{vmatrix}+x\begin{vmatrix}1-x&1&1\\1&1+y&1\\1&1&1-y\end{vmatrix}$$

$$=xy^2+x\begin{vmatrix}1-x&1&1\\1&1+y&1\\1&1&1-y\end{vmatrix}$$

同理

$$\begin{vmatrix}1-x&1&1\\1&1+y&1\\1&1&1-y\end{vmatrix}=-y^2-x\begin{vmatrix}1+y&1\\1&1-y\end{vmatrix}=-y^2+xy^2$$

于是，原式$=x^2y^2$.

例 11 解线性方程组

$$\begin{cases}x_1-x_2-5x_3-x_4=1\\x_1-x_3+2x_4=2\\3x_1-x_2-7x_3+4x_4=5\\x_1+x_2+2x_3-2x_4=1\end{cases}$$

解 此线性方程组的系数行列式为

$$D=\begin{vmatrix}1&-1&-5&-1\\1&0&-1&2\\3&-1&-7&4\\1&1&2&-2\end{vmatrix}\xlongequal[\substack{r_3-3r_1\\r_4-r_1}]{r_2-r_1}\begin{vmatrix}1&-1&-5&-1\\0&1&4&3\\0&2&8&7\\0&2&7&-1\end{vmatrix}$$

$$=\begin{vmatrix}1&4&3\\0&0&1\\0&-1&-7\end{vmatrix}=1\times(-1)^{2+3}\begin{vmatrix}1&4\\0&-1\end{vmatrix}=1\neq 0$$

故此线性方程组有唯一解.

类似地，可求得

$$D_1=\begin{vmatrix}1&-1&-5&-1\\1&0&-1&2\\5&-1&-7&4\\1&1&2&-2\end{vmatrix}=-17$$

$$D_2=\begin{vmatrix}1 & 1 & -5 & -1\\1 & 1 & -1 & 2\\3 & 5 & -7 & 4\\1 & 1 & 2 & -2\end{vmatrix}=50$$

$$D_3=\begin{vmatrix}1 & -1 & 1 & -1\\1 & 0 & 1 & 2\\3 & -1 & 5 & 4\\1 & 1 & 1 & -2\end{vmatrix}=-14$$

$$D_4=\begin{vmatrix}1 & -1 & -5 & 1\\1 & 0 & -1 & 1\\3 & -1 & -7 & 5\\1 & 1 & 2 & 1\end{vmatrix}=2$$

于是得到 $x_1=-17, x_2=50, x_3=-14, x_4=2$.

例 12　λ 为何值时，齐次线性方程组

$$\begin{cases}(1-\lambda)x_1-2x_2+4x_3=0\\2x_1+(3-\lambda)x_2+x_3=0\\x_1+x_2+(1-\lambda)x_3=0\end{cases}$$

有非零解？

解　由定理 3′ 可知，若所给齐次线性方程组有非零解，则其系数行列式 $D=0$，而

$$D=\begin{vmatrix}1-\lambda & -2 & 4\\2 & 3-\lambda & 1\\1 & 1 & 1-\lambda\end{vmatrix}\xlongequal{c_2-c_1}\begin{vmatrix}1-\lambda & -3-\lambda & 4\\2 & 1-\lambda & 1\\1 & 0 & 1-\lambda\end{vmatrix}$$

$$=(1-\lambda)^3+(\lambda-3)-4(1-\lambda)-2(1-\lambda)(-3+\lambda)$$

$$=(1-\lambda)^3+2(1-\lambda)^2+\lambda-3=\lambda(\lambda-2)(3-\lambda)$$

如果齐次线性方程组有非零解，则 $D=0$，即 $\lambda=0$ 或 $\lambda=2$ 或 $\lambda=3$ 时，齐次线性方程组有非零解.

1.3　教材习题同步解析

习题 1.1 解答

1. 计算下列二阶行列式：

(1) $\begin{vmatrix}1 & 3\\1 & 4\end{vmatrix}$；　(2) $\begin{vmatrix}2 & 1\\-1 & 2\end{vmatrix}$；　(3) $\begin{vmatrix}a & b\\a^2 & b^2\end{vmatrix}$；

(4) $\begin{vmatrix} x-1 & 1 \\ x^2 & x^2+x+1 \end{vmatrix}$； (5) $\begin{vmatrix} \frac{1-t^2}{1+t^2} & \frac{2t}{1+t^2} \\ \frac{-2t}{1+t^2} & \frac{1-t^2}{1+t^2} \end{vmatrix}$； (6) $\begin{vmatrix} 1 & \log_b a \\ \log_a b & 1 \end{vmatrix}$.

解 (1) $\begin{vmatrix} 1 & 3 \\ 1 & 4 \end{vmatrix} = 1\times 4 - 3\times 1 = 1$

(2) $\begin{vmatrix} 2 & 1 \\ -1 & 2 \end{vmatrix} = 2\times 2 - 1\times(-1) = 5$

(3) $\begin{vmatrix} a & b \\ a^2 & b^2 \end{vmatrix} = a\cdot b^2 - b\cdot a^2 = ab(b-a)$

(4) $\begin{vmatrix} x-1 & 1 \\ x^2 & x^2+x+1 \end{vmatrix} = (x-1)(x^2+x+1) - 1\cdot x^2 = x^3 - x^2 - 1$

(5) $$\begin{vmatrix} \frac{1-t^2}{1+t^2} & \frac{2t}{1+t^2} \\ \frac{-2t}{1+t^2} & \frac{1-t^2}{1+t^2} \end{vmatrix} = \frac{1-t^2}{1+t^2}\cdot\frac{1-t^2}{1+t^2} - \frac{-2t}{1+t^2}\cdot\frac{2t}{1+t^2} = \frac{(1-t^2)^2+4t^2}{(1+t^2)^2}$$

$$= \frac{1+2t^2+t^4}{(1+t^2)^2} = 1$$

(6) $\begin{vmatrix} 1 & \log_b a \\ \log_a b & 1 \end{vmatrix} = 1\cdot 1 - \log_a b\cdot\log_b a = 0$

2. 计算下列三阶行列式：

(1) $\begin{vmatrix} 1 & 2 & 3 \\ 3 & 1 & 2 \\ 2 & 3 & 1 \end{vmatrix}$； (2) $\begin{vmatrix} 1 & 1 & 1 \\ 3 & 1 & 4 \\ 8 & 9 & 5 \end{vmatrix}$； (3) $\begin{vmatrix} 1 & 0 & -1 \\ 3 & 5 & 0 \\ 0 & 4 & 1 \end{vmatrix}$；

(4) $\begin{vmatrix} 2 & 0 & 1 \\ 1 & -4 & -1 \\ -1 & 8 & 3 \end{vmatrix}$； (5) $\begin{vmatrix} 0 & a & 0 \\ b & 0 & c \\ 0 & d & 0 \end{vmatrix}$； (6) $\begin{vmatrix} a & b & c \\ b & c & a \\ c & a & b \end{vmatrix}$；

(7) $\begin{vmatrix} 1 & 1 & 1 \\ a & b & c \\ a^2 & b^2 & c^2 \end{vmatrix}$； (8) $\begin{vmatrix} x & y & x+y \\ y & x+y & x \\ x+y & x & y \end{vmatrix}$.

解

(1) $\begin{vmatrix} 1 & 2 & 3 \\ 3 & 1 & 2 \\ 2 & 3 & 1 \end{vmatrix} = 1\times1\times1+3\times3\times3+2\times2\times2-2\times1\times3-3\times2\times1-1\times3\times2=18$

(2) $\begin{vmatrix} 1 & 1 & 1 \\ 3 & 1 & 4 \\ 8 & 9 & 5 \end{vmatrix} = 1\times1\times5+3\times9\times1+1\times4\times8-1\times1\times8-3\times1\times5-1\times9\times4=5$

(3) $\begin{vmatrix} 1 & 0 & -1 \\ 3 & 5 & 0 \\ 0 & 4 & 1 \end{vmatrix} = 1\times5\times1+0\times0\times0+(-1)\times3\times4-(-1)\times5\times0-3\times0\times1-1\times$

$4\times0=-7$

(4) $\begin{vmatrix} 2 & 0 & 1 \\ 1 & -4 & -1 \\ -1 & 8 & 3 \end{vmatrix} = 2\times(-4)\times3+0\times(-1)\times(-1)+1\times1\times8-0\times1\times3-2\times$

$(-1)\times8-1\times(-4)\times(-1)=-24+8+16-4=-4$

(5) $\begin{vmatrix} 0 & a & 0 \\ b & 0 & c \\ 0 & d & 0 \end{vmatrix} = 0\times0\times0+0\times b\times d+0\times a\times c-0\times0\times0-b\times a\times0-0\times d\times c=0$

(6) $\begin{vmatrix} a & b & c \\ b & c & a \\ c & a & b \end{vmatrix} = acb+bac+cba-bbb-aaa-ccc=3abc-a^3-b^3-c^3$

(7) $\begin{vmatrix} 1 & 1 & 1 \\ a & b & c \\ a^2 & b^2 & c^2 \end{vmatrix} = bc^2+ca^2+ab^2-ac^2-ba^2-cb^2=(a-b)(b-c)(c-a)$

(8) $\begin{vmatrix} x & y & x+y \\ y & x+y & x \\ x+y & x & y \end{vmatrix} = x(x+y)y+yx(x+y)+(x+y)yx-y^3-(x+y)^3-$

$x^3=3xy(x+y)-y^3-3x^2y-3y^2x-x^3-y^3-x^3=-2(x^3+y^3)$

3. 证明下列等式：

$$\begin{vmatrix} a_1 & b_1 & c_1 \\ a_2 & b_2 & c_2 \\ a_3 & b_3 & c_3 \end{vmatrix} = a_1\begin{vmatrix} b_2 & c_2 \\ b_3 & c_3 \end{vmatrix} - b_1\begin{vmatrix} a_2 & c_2 \\ a_3 & c_3 \end{vmatrix} + c_1\begin{vmatrix} a_2 & b_2 \\ a_3 & b_3 \end{vmatrix}$$

证

$$\begin{aligned} \begin{vmatrix} a_1 & b_1 & c_1 \\ a_2 & b_2 & c_2 \\ a_3 & b_3 & c_3 \end{vmatrix} &= a_1b_2c_3+c_1a_2b_3+b_1c_2a_3-c_1b_2a_3-a_1c_2b_3-b_1a_2c_3 \\ &= a_1(b_2c_3-c_2b_3)-b_1(a_2c_3-c_2a_3)+c_1(a_2b_3-b_2a_3) \\ &= a_1\begin{vmatrix} b_2 & c_2 \\ b_3 & c_3 \end{vmatrix} - b_1\begin{vmatrix} a_2 & c_2 \\ a_3 & c_3 \end{vmatrix} + c_1\begin{vmatrix} a_2 & b_2 \\ a_3 & b_3 \end{vmatrix} \end{aligned}$$

4. 当 k 取何值时，$\begin{vmatrix} k & 3 & 4 \\ -1 & k & 0 \\ 0 & k & 1 \end{vmatrix}=0$?

解 $\begin{vmatrix} k & 3 & 4 \\ -1 & k & 0 \\ 0 & k & 1 \end{vmatrix}=k\times k\times 1+3\times 0\times 0+4\times(-1)\times k-4\times k\times 0-$

$$k\times 0\times k-3\times(-1)\times 1$$

$$=k^2-4k+3=0$$

所以 $k=3$ 或 $k=1$.

5. 当 x 取何值时，$\begin{vmatrix} 3 & 1 & x \\ 4 & x & 0 \\ 1 & 0 & x \end{vmatrix}\neq 0$?

解 $\begin{vmatrix} 3 & 1 & x \\ 4 & x & 0 \\ 1 & 0 & x \end{vmatrix}=3\times x\times x+4\times x\times 0+1\times 0\times 1-x\times x\times 1-$

$$3\times 0\times 0-1\times 4\times x$$

$$=3x^2-x^2-4x=2x^2-4x=2x(x-2)$$

所以当 $x\neq 0$ 且 $x\neq 2$ 时，$\begin{vmatrix} 3 & 1 & x \\ 4 & x & 0 \\ 1 & 0 & x \end{vmatrix}\neq 0$.

习题 1.2 解答

1. 用行列式的性质计算下列行列式：

(1) $\begin{vmatrix} 34\,125 & 35\,215 \\ 28\,092 & 29\,092 \end{vmatrix}$；　(2) $\begin{vmatrix} 1 & 1 & 1 & 1 \\ -1 & 1 & 1 & 1 \\ -1 & -1 & 1 & 1 \\ -1 & -1 & -1 & 1 \end{vmatrix}$.

解 (1) $\begin{vmatrix} 34\,215 & 35\,215 \\ 28\,092 & 29\,092 \end{vmatrix}=\begin{vmatrix} 34\,215 & 1\,000 \\ 28\,092 & 1\,000 \end{vmatrix}=1\,000\begin{vmatrix} 34\,215 & 1 \\ 28\,092 & 1 \end{vmatrix}$

$$=1\,000(34\,215-28\,092)=6\,123\,000$$

(2) $\begin{vmatrix} 1 & 1 & 1 & 1 \\ -1 & 1 & 1 & 1 \\ -1 & -1 & 1 & 1 \\ -1 & -1 & -1 & 1 \end{vmatrix}=\begin{vmatrix} 1 & 1 & 1 & 1 \\ 0 & 2 & 2 & 2 \\ 0 & 0 & 2 & 2 \\ 0 & 0 & 0 & 2 \end{vmatrix}=8$

2. 把下列行列式化为上三角形行列式，并计算其值：

(1) $\begin{vmatrix} -2 & 2 & -4 & 0 \\ 4 & -1 & 3 & 5 \\ 3 & 1 & 2 & -3 \\ 2 & 0 & 5 & 1 \end{vmatrix}$；　　(2) $\begin{vmatrix} 1 & 2 & 3 & 4 \\ 2 & 3 & 4 & 1 \\ 3 & 4 & 1 & 2 \\ 4 & 1 & 2 & 3 \end{vmatrix}$.

解　(1)
$$\begin{vmatrix} -2 & 2 & -4 & 0 \\ 4 & -1 & 3 & 5 \\ 3 & 1 & -2 & -3 \\ 2 & 0 & 5 & 1 \end{vmatrix} = 2\begin{vmatrix} -1 & 1 & -2 & 0 \\ 4 & -1 & 3 & 5 \\ 3 & 1 & -2 & -3 \\ 2 & 0 & 5 & 1 \end{vmatrix}$$

$$= 2\begin{vmatrix} -1 & 1 & -2 & 0 \\ 0 & 3 & -5 & 5 \\ 0 & 4 & -8 & -3 \\ 0 & 2 & 1 & 1 \end{vmatrix}$$

$$= -2\begin{vmatrix} -1 & -1 & 2 & 0 \\ 0 & 1 & -6 & 5 \\ 0 & 0 & -10 & -5 \\ 0 & 2 & 1 & 1 \end{vmatrix}$$

$$= -2\begin{vmatrix} 1 & -1 & 2 & 0 \\ 0 & 1 & -6 & 4 \\ 0 & 0 & -10 & -5 \\ 0 & 0 & 13 & -7 \end{vmatrix}$$

$$= 10\begin{vmatrix} 1 & -1 & 1 & 0 \\ 0 & 1 & -6 & 4 \\ 0 & 0 & 2 & 1 \\ 0 & 0 & 13 & -7 \end{vmatrix}$$

$$= 10\begin{vmatrix} 1 & -1 & 2 & 0 \\ 0 & 1 & -6 & 4 \\ 0 & 0 & 2 & 1 \\ 0 & 0 & 1 & -13 \end{vmatrix} -$$

$$10\begin{vmatrix} 1 & -1 & 2 & 0 \\ 0 & 1 & -6 & 4 \\ 0 & 0 & 1 & -13 \\ 0 & 0 & 2 & 1 \end{vmatrix}$$

$$= -10\begin{vmatrix} 1 & -1 & 2 & 0 \\ 0 & 1 & -6 & 4 \\ 0 & 0 & 1 & -13 \\ 0 & 0 & 0 & 27 \end{vmatrix} = -270$$

(2) $\begin{vmatrix}1&2&3&4\\2&3&4&1\\3&4&1&2\\4&1&2&3\end{vmatrix}=\begin{vmatrix}10&2&3&4\\10&3&4&1\\10&4&1&2\\10&1&2&3\end{vmatrix}=10\begin{vmatrix}1&2&3&4\\1&3&4&1\\1&4&1&2\\1&1&2&3\end{vmatrix}$

$$=10\begin{vmatrix}1&2&3&4\\0&1&1&-3\\0&2&-2&-2\\0&-1&-1&-1\end{vmatrix}=-20\begin{vmatrix}1&2&3&4\\0&1&1&-3\\0&1&-1&-1\\0&1&1&-1\end{vmatrix}$$

$$=-20\begin{vmatrix}1&2&3&4\\0&1&1&-3\\0&0&-2&2\\0&0&0&4\end{vmatrix}=160$$

3. 求行列式 $\begin{vmatrix}-3&0&4\\5&0&3\\2&-2&1\end{vmatrix}$ 中元素 2 和 -2 的代数余子式.

解 元素 2 的代数余子式为

$$(-1)^{3+1}\begin{vmatrix}0&4\\0&3\end{vmatrix}=0$$

元素 -2 的代数余子式为

$$(-1)^{3+2}\begin{vmatrix}-3&4\\5&3\end{vmatrix}=29$$

4. 用行列式的性质证明下列等式:

(1) $\begin{vmatrix}a_1+kb_1&b_1+c_1&c_1\\a_2+kb_2&b_2+c_2&c_2\\a_3+kb_3&b_3+c_3&c_3\end{vmatrix}=\begin{vmatrix}a_1&b_1&c_1\\a_2&b_2&c_2\\a_3&b_3&c_3\end{vmatrix}$;

(2) $\begin{vmatrix}y+z&z+x&x+y\\x+y&y+z&z+x\\z+x&x+y&y+z\end{vmatrix}=2\begin{vmatrix}x&y&z\\z&x&y\\y&z&x\end{vmatrix}$.

证 (1) $\begin{vmatrix}a_1+kb_1&b_1+c_1&c_1\\a_2+kb_2&b_2+c_2&c_2\\a_3+kb_3&b_3+c_3&c_3\end{vmatrix}=\begin{vmatrix}a_1+kb_1&b_1&c_1\\a_2+kb_2&b_2&c_2\\a_3+kb_3&b_3&c_3\end{vmatrix}+\begin{vmatrix}a_1+kb_1&c_1&c_1\\a_2+kb_2&c_2&c_2\\a_3+kb_3&c_3&c_3\end{vmatrix}$

$$=\begin{vmatrix}a_1+kb_1&b_1&c_1\\a_2+kb_2&b_2&c_2\\a_3+kb_3&b_3&c_3\end{vmatrix}$$

$$=\begin{vmatrix} a_1 & b_1 & c_1 \\ a_2 & b_2 & c_2 \\ a_3 & b_3 & c_3 \end{vmatrix}+k\begin{vmatrix} b_1 & b_1 & c_1 \\ b_2 & b_2 & c_2 \\ b_3 & b_3 & c_3 \end{vmatrix}$$

$$=\begin{vmatrix} a_1 & b_1 & c_1 \\ a_2 & b_2 & c_2 \\ a_3 & b_3 & c_3 \end{vmatrix}$$

(2) $\begin{vmatrix} y+z & z+x & x+y \\ x+y & y+z & z+x \\ z+x & x+y & y+z \end{vmatrix}=2\begin{vmatrix} x & y & z \\ z & x & y \\ y & z & x \end{vmatrix}$

左边$=\begin{vmatrix} y & z+x & x+y \\ x & y+z & z+x \\ z & x+y & y+z \end{vmatrix}+\begin{vmatrix} z & z+x & x+y \\ y & y+z & z+x \\ x & x+y & y+z \end{vmatrix}$

$$=\begin{vmatrix} y & z+x & x \\ x & y+z & z \\ z & x+y & y \end{vmatrix}+\begin{vmatrix} z & x & x+y \\ y & z & z+x \\ x & y & y+z \end{vmatrix}=\begin{vmatrix} y & z & x \\ x & y & z \\ z & x & y \end{vmatrix}+\begin{vmatrix} z & x & y \\ y & z & x \\ x & y & z \end{vmatrix}=2\begin{vmatrix} x & y & z \\ z & x & y \\ y & z & x \end{vmatrix}$$

=右边

5. 计算行列式$\begin{vmatrix} x & a & \cdots & a \\ a & x & \cdots & a \\ \vdots & \vdots & & \vdots \\ a & a & \cdots & x \end{vmatrix}$.

解 将原行列式的第2列至第n列加到第1列，并提出第1列公因子$x+(n-1)a$，得

$$\begin{vmatrix} x & a & \cdots & a \\ a & x & \cdots & a \\ \vdots & \vdots & & \vdots \\ a & a & \cdots & x \end{vmatrix}=[x+(n-1)a]\begin{vmatrix} 1 & a & a & \cdots & a \\ 1 & x & a & \cdots & a \\ 1 & a & x & \cdots & a \\ \vdots & \vdots & \vdots & & \vdots \\ 1 & a & a & \cdots & x \end{vmatrix}$$

$$\xlongequal[i=2,3,\cdots,n]{r_i-r_1}[x+(n-1)a]\begin{vmatrix} 1 & a & a & \cdots & a \\ 0 & x-a & 0 & \cdots & 0 \\ 0 & 0 & x-a & \cdots & 0 \\ \vdots & \vdots & \vdots & & \vdots \\ 0 & 0 & 0 & \cdots & x-a \end{vmatrix}$$

$$=[x+(n-1)a](x-a)^{n-1}$$

6. 计算行列式 $\begin{vmatrix} 1 & 2 & 3 & \cdots & n-1 & n \\ -1 & 0 & 3 & \cdots & n-1 & n \\ -1 & -2 & 0 & \cdots & n-1 & n \\ \vdots & \vdots & \vdots & & \vdots & \vdots \\ -1 & -2 & -3 & \cdots & 0 & n \\ -1 & -2 & -3 & \cdots & -(n-1) & 0 \end{vmatrix}$.

解 $$\begin{vmatrix} 1 & 2 & 3 & \cdots & n-1 & n \\ -1 & 0 & 3 & \cdots & n-1 & n \\ -1 & -2 & 0 & \cdots & n-1 & n \\ \vdots & \vdots & \vdots & & \vdots & \vdots \\ -1 & -2 & -3 & \cdots & 0 & n \\ -1 & -2 & -3 & \cdots & -(n-1) & 0 \end{vmatrix} \xlongequal[i=2,3,\cdots,n]{r_i+r_1} \begin{vmatrix} 1 & 2 & 3 & \cdots & n-1 & n \\ 0 & 2 & 6 & \cdots & 2(n-1) & 2n \\ 0 & 0 & 3 & \cdots & 2(n-1) & 2n \\ \vdots & \vdots & \vdots & & \vdots & \vdots \\ 0 & 0 & 0 & \cdots & n-1 & 2n \\ 0 & 0 & 0 & \cdots & 0 & n \end{vmatrix} = n!$$

7. 计算行列式 $\begin{vmatrix} 1 & a_1 & a_2 & \cdots & a_n \\ 1 & a_1+b_1 & a_2 & \cdots & a_n \\ 1 & a_1 & a_2+b_2 & \cdots & a_n \\ \vdots & \vdots & \vdots & & \vdots \\ 1 & a_1 & a_2 & \cdots & a_n+b_n \end{vmatrix}$.

解 $$\begin{vmatrix} 1 & a_1 & a_2 & \cdots & a_n \\ 1 & a_1+b_1 & a_2 & \cdots & a_n \\ 1 & a_1 & a_2+b_2 & \cdots & a_n \\ \vdots & \vdots & \vdots & & \vdots \\ 1 & a_1 & a_2 & \cdots & a_n+b_n \end{vmatrix} \xlongequal[i=2,3,\cdots,n]{r_i-r_1}$$

$$= \begin{vmatrix} 1 & a_1 & a_2 & \cdots & a_n \\ 0 & b_1 & 0 & \cdots & 0 \\ 0 & 0 & b_2 & \cdots & 0 \\ \vdots & \vdots & \vdots & & \vdots \\ 0 & 0 & 0 & \cdots & b_n \end{vmatrix} = b_1 b_2 \cdots b_n$$

8. 解方程 $\begin{vmatrix} 1 & 1 & 2 & 3 \\ 1 & 2-x^2 & 2 & 3 \\ 2 & 3 & 1 & 5 \\ 2 & 3 & 1 & 9-x^2 \end{vmatrix}=0.$

解

$$\begin{vmatrix} 1 & 1 & 2 & 3 \\ 1 & 2-x^2 & 2 & 3 \\ 2 & 3 & 1 & 5 \\ 2 & 3 & 1 & 9-x^2 \end{vmatrix}=\begin{vmatrix} 1 & 1 & 2 & 3 \\ 0 & 1-x^2 & 0 & 0 \\ 2 & 3 & 1 & 5 \\ 0 & 0 & 0 & 4-x^2 \end{vmatrix}$$

$$=\begin{vmatrix} -3 & -5 & 2 & 3 \\ 0 & 1-x^2 & 0 & 0 \\ 0 & 0 & 1 & 5 \\ 0 & 0 & 0 & 4-x^2 \end{vmatrix}$$

$$=-3(1-x^2)(4-x^2)=0\Rightarrow x=\pm 1, x=\pm 2$$

习题 1.3 解答

1. 用克莱姆法则解下列二元线性方程组：

(1) $\begin{cases} 2x+5y=1 \\ 3x+7y=2 \end{cases}$；　　(2) $\begin{cases} 6x_1-4x_2=10 \\ 5x_1+7x_2=29 \end{cases}$.

解　(1)

$$D=\begin{vmatrix} 2 & 5 \\ 3 & 7 \end{vmatrix}=-1,\quad D_1=\begin{vmatrix} 1 & 5 \\ 2 & 7 \end{vmatrix}=-3,\quad D_2=\begin{vmatrix} 2 & 1 \\ 3 & 2 \end{vmatrix}=1$$

于是

$$x=\frac{D_1}{D}=\frac{-3}{-1}=3,\quad y=\frac{D_2}{D}=\frac{1}{-1}=-1$$

(2)

$$D=\begin{vmatrix} 6 & -4 \\ 5 & 7 \end{vmatrix}=62$$

$$D_1=\begin{vmatrix} 10 & -4 \\ 29 & 7 \end{vmatrix}=186,\quad D_2=\begin{vmatrix} 6 & 10 \\ 5 & 29 \end{vmatrix}=124$$

于是

$$x_1=\frac{D_1}{D}=\frac{186}{62}=3,\quad x_2=\frac{D_2}{D}=\frac{124}{62}=2$$

2. 用克莱姆法则解下列三元线性方程组：

(1) $\begin{cases} x+y-2z=-3 \\ 5x-2y+7z=22 \\ 2x-5y+4z=4 \end{cases}$；(2) $\begin{cases} bx-ay+2ab=0 \\ -2cy+3bz-bc=0 \\ cx+az=0 \end{cases}$，其中 $abc\neq 0$.

解　(1) $D=\begin{vmatrix} 1 & 1 & -2 \\ 5 & -2 & 7 \\ 2 & -5 & 4 \end{vmatrix}=63,\quad D_1=\begin{vmatrix} -3 & 1 & -2 \\ 22 & -2 & 7 \\ 4 & -5 & 4 \end{vmatrix}=63$

$$D_2=\begin{vmatrix}1&-3&-2\\5&22&7\\2&4&4\end{vmatrix}=126,\quad D_3=\begin{vmatrix}1&1&-3\\5&-2&22\\2&-5&4\end{vmatrix}=189$$

于是

$$x=\frac{D_1}{D}=\frac{63}{63}=1,\quad y=\frac{D_2}{D}=\frac{123}{63}=2,\quad z=\frac{D_3}{D}=\frac{189}{63}=3$$

(2) $$D=\begin{vmatrix}b&-a&0\\0&-2c&3b\\c&0&a\end{vmatrix}=-5abc,\quad D_1=\begin{vmatrix}-2ab&-a&0\\bc&-2c&3b\\0&0&a\end{vmatrix}=5a^2bc$$

$$D_2=\begin{vmatrix}b&-2ab&0\\0&bc&3b\\c&0&a\end{vmatrix}=-5ab^2c,\quad D_3=\begin{vmatrix}b&-a&-2ab\\0&-2c&bc\\c&0&a\end{vmatrix}=-5abc^2$$

于是

$$x=\frac{D_1}{D}=\frac{5a^2bc}{-5abc}=-a,\quad y=\frac{D_2}{D}=\frac{5ab^2c}{-5abc}=b,\quad z=\frac{D_3}{D}=\frac{5abc^2}{-5abc}=c$$

3. 判断齐次线性方程组$\begin{cases}2x_1+2x_2-x_3=0\\x_1-2x_2+4x_3=0\\5x_1+8x_2-2x_3=0\end{cases}$是否仅有零解.

解 $$D=\begin{vmatrix}2&2&-1\\1&-2&4\\5&8&-4\end{vmatrix}=\begin{vmatrix}0&6&-9\\1&-2&4\\0&18&-22\end{vmatrix}=-30\neq 0$$

所以齐次线性方程组仅有零解.

4. λ 为何值时，方程组$\begin{cases}x_1+\lambda x_2+x_3=0\\x_1-x_2+x_3=0\\\lambda x_1+x_2+2x_3=0\end{cases}$有非零解？

解 $$D=\begin{vmatrix}1&\lambda&1\\1&-1&1\\\lambda&1&2\end{vmatrix}=\lambda^2-\lambda-2=(\lambda-2)(\lambda+1)$$

齐次线性方程组有非零解，则 $D=0$，即$(\lambda-2)(\lambda+1)=0\Rightarrow\lambda=-1$ 或 $\lambda=2$，不难验证，当 $\lambda=-1$ 或 $\lambda=2$ 时，该齐次线性方程组确有非零解.

1.4 验收测试题

一、填空题

1. 若 $|\boldsymbol{A}|=5$，则 $|\boldsymbol{A}^{\mathrm{T}}|=$________.

2. $\begin{vmatrix} x & -x & -1 & x \\ 2 & 2 & 3 & x \\ -7 & 10 & 4 & 3 \\ 1 & -7 & 1 & x \end{vmatrix}$ 是________次多项式，其常数项是________.

3. 行列式 $\begin{vmatrix} 1 & 2 & 3 & 4 \\ 1 & 2^2 & 3^2 & 4^2 \\ 1 & 2^3 & 3^3 & 4^3 \\ 1 & 2^4 & 3^4 & 4^4 \end{vmatrix} =$ ________.

4. 设行列式 $D=\begin{vmatrix} 1 & 2 & 5 & 5 \\ 1 & 1 & 1 & 1 \\ 1 & 5 & 3 & 7 \\ 5 & 3 & -2 & 2 \end{vmatrix}$，则 $A_{41}+A_{42}+A_{43}+A_{44}=$ ________，其中 A_{4j} 为元素 $a_{4j}(j=1,2,3,4)$ 的代数余子式.

5. 设 a,b 为实数，则当 $a=$ ________，$b=$ ________时，行列式 $\begin{vmatrix} a & b & 0 \\ -b & a & 0 \\ -1 & 0 & 1 \end{vmatrix}=0$.

6. 若 $|\mathbf{A}|=\begin{vmatrix} k & 2 & 3 \\ 0 & k & 1 \\ -1 & k & 0 \end{vmatrix}=0$，则 $k=$ ________.

7. $\begin{vmatrix} 0 & 0 & 0 & a & 0 \\ 0 & 0 & 0 & 0 & b \\ c & 0 & 0 & 0 & 0 \\ 0 & d & 0 & 0 & 0 \\ 0 & 0 & e & 0 & 0 \end{vmatrix} =$ ________.

8. $\begin{vmatrix} a & b & c & d \\ x & 0 & 0 & y \\ y & 0 & 0 & x \\ d & c & b & a \end{vmatrix} =$ ________.

9. $\begin{vmatrix} a+1 & a+2 & a+3 \\ b+1 & b+2 & b+3 \\ c+1 & c+2 & c+3 \end{vmatrix} =$ ________.

10. 已知齐次线性方程组 $\begin{cases} \lambda x_1 + x_2 + \lambda^2 x_3 = 0 \\ x_1 + \lambda x_2 + x_3 = 0 \\ x_1 + x_2 + \lambda x_3 = 0 \end{cases}$ 有非零解，则 $\lambda=$ ________.

二、选择题

1. 已知 $\begin{vmatrix} a_{11} & a_{12} & a_{13} \\ a_{21} & a_{22} & a_{23} \\ a_{31} & a_{32} & a_{33} \end{vmatrix}=3$，则 $\begin{vmatrix} a_{11} & 2a_{13}-3a_{12} & 3a_{13} \\ a_{21} & 2a_{23}-3a_{22} & 3a_{23} \\ a_{31} & 2a_{33}-3a_{32} & 3a_{33} \end{vmatrix}=$（　　）

A. 27　　B. -27　　C. 18　　D. -18

2. 设 A 是 n 阶行列式，则下列等式中正确的是（　　）

A. $a_{i1}A_{i1}+a_{i2}A_{i2}+\cdots+a_{in}A_{in}=0$

B. $a_{i1}A_{j1}+a_{i2}A_{j2}+\cdots+a_{in}A_{jn}=|\boldsymbol{A}|\ (i\neq j)$

C. $a_{1j}A_{1j}+a_{2j}A_{2j}+\cdots+a_{nj}A_{nj}=0$

D. $a_{1j}A_{1j}+a_{2j}A_{2j}+\cdots+a_{nj}A_{nj}=|\boldsymbol{A}|$

3. 已知 $f(x)=\begin{vmatrix} x & 1 & 2 \\ 2 & x & 1 \\ 1 & 2 & x \end{vmatrix}$，则 $f(x)=$（　　）

A. x^3-6x+9　　B. x^3-6x^2+6x+9

C. x^3+6x^2+6x+9　　D. x^3+6x^2-6x+9

4. 方程 $\begin{vmatrix} 1 & 1 & 1 & 1 \\ 1 & -2 & 2 & x \\ 1 & 4 & 4 & x^2 \\ 1 & -8 & 8 & x^3 \end{vmatrix}=0$ 的根为（　　）

A. 1,2,3　　B. 1,2,-2　　C. 0,1,2　　D. 1,-1,2

5. 已知 $D=\begin{vmatrix} a_{11} & a_{12} & a_{13} \\ a_{21} & a_{22} & a_{23} \\ a_{31} & a_{32} & a_{33} \end{vmatrix}$，则 $\begin{vmatrix} 2a_{11} & 2a_{12} & 2a_{13} \\ 2a_{31} & 2a_{32} & 2a_{33} \\ 2a_{21} & 2a_{22} & 2a_{23} \end{vmatrix}=$（　　）

A. 6　　B. -6　　C. 24　　D. -24

6. 设 $D=\begin{vmatrix} a_1 & b_1 & c_1 \\ a_2 & b_2 & c_2 \\ a_3 & b_3 & c_3 \end{vmatrix}=2$，则 $\begin{vmatrix} 2a_1 & 4a_1-3b_1 & c_1 \\ 2a_2 & 4a_2-3b_2 & c_2 \\ 2a_3 & 4a_3-3b_3 & c_3 \end{vmatrix}=$（　　）

A. 6　　B. 2　　C. -12　　D. -48

7. 下列哪个行列式的值一定为零？（　　）

A. $\begin{vmatrix} 0 & 0 & a_3 & a_4 \\ 0 & 0 & b_3 & b_4 \\ c_1 & c_2 & 0 & 0 \\ d_1 & d_2 & 0 & 0 \end{vmatrix}$　　B. $\begin{vmatrix} a_1 & a_2 & 0 & 0 \\ b_1 & 0 & 0 & 0 \\ 0 & 0 & 0 & c_4 \\ 0 & 0 & d_3 & d_4 \end{vmatrix}$

C. $\begin{vmatrix} a_1 & a_2 & a_3 & a_4 \\ b_1 & b_2 & 0 & 0 \\ c_1 & c_2 & 0 & 0 \\ d_1 & d_2 & 0 & 0 \end{vmatrix}$　　D. $\begin{vmatrix} 0 & 0 & a_3 & 0 \\ 0 & 0 & 0 & b_4 \\ c_1 & 0 & 0 & 0 \\ 0 & d_2 & 0 & 0 \end{vmatrix}$

8.行列式 $\begin{vmatrix} -3 & 1 & 4 \\ 5 & 0 & 3 \\ 2 & -2 & 1 \end{vmatrix}$ 中元素 -2 的代数余子式等于(　　)

A. 29　　B. -29　　C. 58　　D. -58

9.已知 $\begin{vmatrix} 0 & 0 & 0 & 1 \\ a & 0 & 0 & -1 \\ 0 & 2 & 0 & -1 \\ 0 & 0 & 1 & -1 \end{vmatrix}=1$,则 $a=$(　　)

A. -0.5　　B. 0.5　　C. -2　　D. 2

10.在下列何种情况下,齐次线性方程组 $\begin{cases} kx_1+2x_2+x_3=0 \\ 2x_1+kx_2=0 \\ x_1-x_2+x_3=0 \end{cases}$ 仅有零解?(　　)

A. $k\neq -2$　　B. $k\neq -3$　　C. $k\neq -2$ 或 $k\neq 3$　　D. $k\neq -2$ 且 $k\neq 3$

1.5　验收测试题答案

一、填空题

1. 5　2. 2,-48　3. 288　4. 0　5. 0,0　6. 1 或 2　7. $abcde$　8. $(x^2-y^2)(b^2-c^2)$　9. 0　10. 1

二、选择题

1. B　2. D　3. A　4. B　5. D　6. C　7. C　8. A　9. A　10. C

第 2 章

矩　阵

2.1　内容提要

1. 矩阵

由 $m\times n$ 个数 $a_{ij}(i=1,2,\cdots,m;j=1,2,\cdots,n)$ 排成的 m 行 n 列数表

$$\begin{vmatrix} a_{11} & a_{12} & \cdots & a_{1n} \\ a_{21} & a_{22} & \cdots & a_{2n} \\ \vdots & \vdots & & \vdots \\ a_{m1} & a_{m2} & \cdots & a_{mn} \end{vmatrix}$$

称为 $m\times n$ 阶矩阵. 矩阵一般用大写黑体字母 $\boldsymbol{A},\boldsymbol{B}$ 等表示. 也可以记成(a_{ij}),$(a_{ij})_{m\times n}$ 或 $\boldsymbol{A}_{m\times n}$ 等. 其中 a_{ij} 为矩阵的第i 行第j 列元素,i 称为行标,$i=1,2,\cdots,m$,j 称为列标,$j=1,2,\cdots,n$.

2. 矩阵的加法运算满足规律(设 $\boldsymbol{A},\boldsymbol{B},\boldsymbol{C}$ 都是 $m\times n$ 矩阵)

(1)$\boldsymbol{A}+\boldsymbol{B}=\boldsymbol{B}+\boldsymbol{A}$;

(2)$(\boldsymbol{A}+\boldsymbol{B})+\boldsymbol{C}=\boldsymbol{A}+(\boldsymbol{B}+\boldsymbol{C})$;

(3)$\boldsymbol{A}+\boldsymbol{0}=\boldsymbol{A}$;

(4)$\boldsymbol{A}=(a_{ij})_{m\times n}$,记 $-\boldsymbol{A}=(-a_{ij})_{m\times n}$,称 $-\boldsymbol{A}$ 为 $\boldsymbol{A}$ 的负矩阵.

3. 数乘矩阵的运算满足下列运算(其中 λ,μ 为任意数,$\boldsymbol{A},\boldsymbol{B}$ 为同阶矩阵)

(1)$\lambda(\mu\boldsymbol{A})=(\lambda\mu)\boldsymbol{A}$;

(2)$(\lambda+\mu)\boldsymbol{A}=\lambda\boldsymbol{A}+\mu\boldsymbol{A}$;

(3)$\lambda(\boldsymbol{A}+\boldsymbol{B})=\lambda\boldsymbol{A}+\lambda\boldsymbol{B}$.

矩阵加法运算和数乘运算统称为矩阵的线性运算.

4. 矩阵的乘法满足下述运算规律(假设运算都是可行的)

(1)$(\boldsymbol{AB})\boldsymbol{C}=\boldsymbol{A}(\boldsymbol{BC})$;

(2)$\boldsymbol{A}(\boldsymbol{B}+\boldsymbol{C})=\boldsymbol{AB}+\boldsymbol{AC}$;$(\boldsymbol{B}+\boldsymbol{C})\boldsymbol{A}=\boldsymbol{BA}+\boldsymbol{CA}$;

(3)$\lambda(\boldsymbol{AB})=(\lambda\boldsymbol{A})\boldsymbol{B}=\boldsymbol{A}(\lambda\boldsymbol{B})$.(其中 λ 为数)

矩阵乘法一般不满足交换律,即 $\boldsymbol{AB}\neq\boldsymbol{BA}$,且虽然 $\boldsymbol{A}\neq\boldsymbol{0},\boldsymbol{B}\neq\boldsymbol{0}$,但乘积 $\boldsymbol{AB}$ 却可能是零矩阵,这是矩阵乘法的又一特点.因此,不能从 $\boldsymbol{AB}=\boldsymbol{AC}$ 推出 $\boldsymbol{B}=\boldsymbol{C}$ 的结论,即矩阵乘法消去律一般不成立.当 $\boldsymbol{AB}=\boldsymbol{BA}$ 时,称矩阵 $\boldsymbol{A},\boldsymbol{B}$ 可交换.

5.矩阵的转置满足下述运算性质(假设运算都是有意义的)

(1)$(\boldsymbol{A}^{\mathrm{T}})^{\mathrm{T}}=\boldsymbol{A}$;

(2)$(\boldsymbol{A}+\boldsymbol{B})^{\mathrm{T}}=\boldsymbol{A}^{\mathrm{T}}+\boldsymbol{B}^{\mathrm{T}}$;

(3)$(\lambda\boldsymbol{A})^{\mathrm{T}}=\lambda\boldsymbol{A}^{\mathrm{T}}$($\lambda$ 为任意实数);

(4)$(\boldsymbol{AB})^{\mathrm{T}}=\boldsymbol{B}^{\mathrm{T}}\boldsymbol{A}^{\mathrm{T}}$.

6.方阵的行列式运算满足下述性质(其中 $\boldsymbol{A},\boldsymbol{B}$ 是 n 阶矩阵,λ 为数)

(1)$|\boldsymbol{A}^{\mathrm{T}}|=|\boldsymbol{A}|$;

(2)$|\lambda\boldsymbol{A}|=\lambda^n|\boldsymbol{A}|$;

(3)$|\boldsymbol{AB}|=|\boldsymbol{A}||\boldsymbol{B}|$($\boldsymbol{A},\boldsymbol{B}$ 是同阶方阵).

7.逆矩阵的概念

设 $\boldsymbol{A}$ 是 n 阶矩阵,如果有 n 阶矩阵 $\boldsymbol{B}$,使 $\boldsymbol{AB}=\boldsymbol{BA}=\boldsymbol{E}$,则称 $\boldsymbol{A}$ 是可逆的,且称 $\boldsymbol{B}$ 为 $\boldsymbol{A}$ 的逆矩阵,记为 $\boldsymbol{A}^{-1}$.

设 $\boldsymbol{A}$ 是 n 阶矩阵,由行列式 $|\boldsymbol{A}|$ 的各元素的代数余子式 A_{ij} 所构成的矩阵

$$\boldsymbol{A}^*=\begin{pmatrix}A_{11} & A_{21} & \cdots & A_{n1}\\ A_{12} & A_{22} & \cdots & A_{n2}\\ \vdots & \vdots & & \vdots\\ A_{1n} & A_{2n} & \cdots & A_{nn}\end{pmatrix}$$

称为矩阵 $\boldsymbol{A}$ 的伴随矩阵.

8.伴随矩阵的性质

设 $\boldsymbol{A}$ 是 n 阶矩阵,$\boldsymbol{A}^*$ 是矩阵 $\boldsymbol{A}$ 的伴随矩阵,则

(1)$\boldsymbol{AA}^*=\boldsymbol{A}^*\boldsymbol{A}=|\boldsymbol{A}|\boldsymbol{E}$;

(2) $(\boldsymbol{A}^*)^l=(\boldsymbol{A}^l)^*$;

(3) $(a\boldsymbol{A})^*=a^{n-1}\boldsymbol{A}^*$;

(4)$|\boldsymbol{A}^*|=|\boldsymbol{A}|^{n-1}$;

(5) $(\boldsymbol{A}^*)^*=|\boldsymbol{A}|^{n-2}\boldsymbol{A}$;

(6) $(\boldsymbol{AB})^*=\boldsymbol{B}^*\boldsymbol{A}^*$.

n 阶方阵 $\boldsymbol{A}$ 可逆的充分必要条件是 $\boldsymbol{A}$ 为非奇异矩阵,且 $\boldsymbol{A}^{-1}=\dfrac{1}{|\boldsymbol{A}|}\boldsymbol{A}^*$,其中 $\boldsymbol{A}^*$ 是 $\boldsymbol{A}$ 的伴随矩阵.

9.逆矩阵的性质

(1) 若 $\boldsymbol{A}$ 可逆,则 $\boldsymbol{A}^{-1}$ 也可逆,且 $(\boldsymbol{A}^{-1})^{-1}=\boldsymbol{A}$;

(2) 若 $\boldsymbol{A}$ 可逆,数 $\lambda \neq 0$,则 $\lambda\boldsymbol{A}$ 也可逆,且 $(\lambda\boldsymbol{A})^{-1}=\frac{1}{\lambda}\boldsymbol{A}^{-1}$;

(3) 设 $\boldsymbol{A},\boldsymbol{B}$ 为同阶可逆矩阵,则 $\boldsymbol{AB}$ 也可逆,且 $(\boldsymbol{AB})^{-1}=\boldsymbol{B}^{-1}\boldsymbol{A}^{-1}$;

(4) 若 $\boldsymbol{A}$ 可逆,则 $\boldsymbol{A}^{\mathrm{T}}$ 也可逆,且 $(\boldsymbol{A}^{\mathrm{T}})^{-1}=(\boldsymbol{A}^{-1})^{\mathrm{T}}$;(证明略)

(5) 若 $\boldsymbol{A}$ 可逆,$\boldsymbol{A}^{*}=|\boldsymbol{A}|\boldsymbol{A}^{-1}$,且 $\boldsymbol{A}^{*}$ 亦可逆,其逆为 $(\boldsymbol{A}^{*})^{-1}=(\boldsymbol{A}^{-1})^{*}=|\boldsymbol{A}|^{-1}\boldsymbol{A}$.

10. 矩阵的初等变换

下述三种变换称为矩阵的初等行变换:

(1) 对调两行(交换 i,j 两行,记作 $r_i\leftrightarrow r_j$);

(2) 以非零数 k 乘某行的所有元素(第 i 行乘 k 记作 $r_i\times k$);

(3) 把某一行的所有元素的 k 倍加到另一行对应的元素上去(第 j 行的 k 倍加到第 i 行上,记作 r_i+kr_j).

把上述的"行"换成"列"即为初等列变换的定义(所用记号把 r 换成 c).

矩阵的初等行变换和初等列变换统称初等变换.

等价矩阵 如果矩阵 $\boldsymbol{A}$ 经有限次初等变换变成矩阵 $\boldsymbol{B}$,就称矩阵 $\boldsymbol{A},\boldsymbol{B}$ 等价. 记为 $\boldsymbol{A}\sim\boldsymbol{B}$.

矩阵等价关系满足以下性质:

(1) 反身性:$\boldsymbol{A}\sim\boldsymbol{A}$;

(2) 对称性:若 $\boldsymbol{A}\sim\boldsymbol{B}$,则 $\boldsymbol{B}\sim\boldsymbol{A}$;

(3) 传递性:若 $\boldsymbol{A}\sim\boldsymbol{B},\boldsymbol{B}\sim\boldsymbol{C}$,则 $\boldsymbol{A}\sim\boldsymbol{C}$.

初等矩阵 由单位矩阵 $\boldsymbol{E}$ 经一次初等变换得到的矩阵称为初等矩阵.

三种初等变换对应着三种初等矩阵.

(1) 把单位矩阵中第 i 行与第 j 行对调($r_i\leftrightarrow r_j$),得初等矩阵

用 $\boldsymbol{E}_m(i,j)$ 左乘 $\boldsymbol{A}=(a_{ij})_{m\times n}$,其结果相当于对 $\boldsymbol{A}$ 施行第一种初等行变换;

用 $\boldsymbol{E}_n(i,j)$ 右乘 $\boldsymbol{A}=(a_{ij})_{m\times n}$,其结果相当于对 $\boldsymbol{A}$ 施行第一种初等列变换.

(2) 以数 $k\neq 0$ 乘单位阵的第 i 行($k\times r_i$),得初等矩阵

用 $\boldsymbol{E}_m(i(k))$ 左乘 $\boldsymbol{A}=(a_{ij})_{m\times n}$,其结果相当于对 $\boldsymbol{A}$ 施行第二种初等行变换;

用 $\boldsymbol{E}_n(i(k))$ 右乘 $\boldsymbol{A}=(a_{ij})_{m\times n}$,其结果相当于对 $\boldsymbol{A}$ 施行第二种初等列变换.

(3) 以数 k 乘单位阵的第 j 行加到第 i 行上(r_i+kr_j),得初等矩阵

用 $\boldsymbol{E}_m(i,j(k))$ 左乘 $\boldsymbol{A}=(a_{ij})_{m\times n}$,其结果相当于对 $\boldsymbol{A}$ 施行第三种初等行变换;

用 $\boldsymbol{E}_n(i,j(k))$ 右乘 $\boldsymbol{A}=(a_{ij})_{m\times n}$,其结果相当于对 $\boldsymbol{A}$ 施行第三种初等列变换.

11. 利用初等变换求逆矩阵

设 $\boldsymbol{A}$ 为 n 阶矩阵,则 $\boldsymbol{A}$ 是可逆矩阵的充分必要条件是存在有限个初等矩阵 $\boldsymbol{P}_1$,$\boldsymbol{P}_2,\cdots,\boldsymbol{P}_k$,使 $\boldsymbol{A}=\boldsymbol{P}_1\boldsymbol{P}_2\cdots\boldsymbol{P}_k$.

推论 1 方阵 $\boldsymbol{A}$ 可逆的充分必要条件是 $\boldsymbol{A}\overset{r}{\sim}\boldsymbol{E}$.

推论 2 $m\times n$ 矩阵 $\boldsymbol{A}\sim\boldsymbol{B}$($\boldsymbol{A}$ 与 $\boldsymbol{B}$ 等价)的充要条件是存在 m 阶可逆矩阵 $\boldsymbol{P}$ 和 n 阶可

逆矩阵 $\boldsymbol{Q}$，使 $\boldsymbol{PAQ}=\boldsymbol{B}$.

利用初等行变换求逆矩阵(设 $\boldsymbol{A}$ 为可逆矩阵)

$$(\boldsymbol{A} \vdots \boldsymbol{E}) \overset{r}{\sim} (\boldsymbol{E} \vdots \boldsymbol{A}^{-1}) \text{ 或}(\boldsymbol{A},\boldsymbol{E}) \overset{r}{\sim} (\boldsymbol{E},\boldsymbol{A}^{-1})$$

方法：在通过行初等变换把可逆矩阵 $\boldsymbol{A}$ 化为单位矩阵 $\boldsymbol{E}$ 时，对单位矩阵 $\boldsymbol{E}$ 施行同样的初等变换，就得到 $\boldsymbol{A}$ 的逆矩阵 $\boldsymbol{A}^{-1}$.

12. 矩阵秩的概念

矩阵的 k 阶子式 在矩阵 $\boldsymbol{A}$ 中任取 k 行 k 列，位于这些行与列相交处的元素按照原来相应位置构成的 k 阶行列式，称为 $\boldsymbol{A}$ 的 k 阶子式. $m\times n$ 矩阵 $\boldsymbol{A}$ 的 k 阶子式共 $C_m^k \cdot C_n^k$ 个.

矩阵的秩 如果矩阵 $\boldsymbol{A}$ 中有一个 r 阶子式 $\boldsymbol{D}\neq 0$，且所有的 $r+1$ 阶子式(如果存在的话)都等于 0，则称 $\boldsymbol{D}$ 为 $\boldsymbol{A}$ 的一个最高阶非零子式. 数 r 称为矩阵 $\boldsymbol{A}$ 的秩，矩阵 $\boldsymbol{A}$ 的秩记成 $R(\boldsymbol{A})$. 零矩阵的秩规定为 0. 若 $\boldsymbol{A}=(a_{ij})_{n\times n}$，$R(\boldsymbol{A})=n$，则称 $\boldsymbol{A}$ 为满秩矩阵，若 $R(\boldsymbol{A})<n$，则称 $\boldsymbol{A}$ 为降秩矩阵(奇异矩阵).

矩阵的秩的性质：

(1) $0\leqslant R(\boldsymbol{A}_{m\times n})\leqslant \min\{m,n\}$；

(2) $R(\boldsymbol{A}^{\mathrm{T}})=R(\boldsymbol{A})$；

(3) 若 $\boldsymbol{A}\sim\boldsymbol{B}$，则 $R(\boldsymbol{A})=R(\boldsymbol{B})$；

(4) 若 $\boldsymbol{P},\boldsymbol{Q}$ 可逆，则 $R(\boldsymbol{PAQ})=R(\boldsymbol{A})$；

(5) $\max\{R(\boldsymbol{A}),R(\boldsymbol{B})\}\leqslant R(\boldsymbol{A},\boldsymbol{B})\leqslant R(\boldsymbol{A})+R(\boldsymbol{B})$；

(6) $R(\boldsymbol{A}+\boldsymbol{B})\leqslant R(\boldsymbol{A})+R(\boldsymbol{B})$；

(7) $R(\boldsymbol{AB})\leqslant \min\{R(\boldsymbol{A}),R(\boldsymbol{B})\}$；

13. 利用初等变换求矩阵的秩

用初等变换把矩阵 $\boldsymbol{A}$ 化成行阶梯形矩阵 $\boldsymbol{B}$(行阶梯形矩阵特点：可画一条阶梯线，线下方元素全是 0；每个台阶只有一行，台阶数即非零行的行数；阶梯线竖线后面第一个元素为非零元).

设矩阵 $\boldsymbol{A}$ 经过有限次初等变换化成阶梯形矩阵 $\boldsymbol{B}$，则 $R(\boldsymbol{A})=R(\boldsymbol{B})$.

14. 分块矩阵

将 $\boldsymbol{A}$ 用若干条横线和纵线分成许多个小矩阵($\boldsymbol{A}$ 的子块)，以子块为元素的矩阵称为分块矩阵.

2.2 典型题精解

1. 矩阵的表示

矩阵 $\begin{pmatrix}1 & 0\\ 0 & 0\end{pmatrix}$ 所对应的线性变换 $\begin{cases}x_1=x\\ y_1=0\end{cases}$，可看作是 xOy 平面上把向量 $\overrightarrow{OP}=\begin{pmatrix}x\\ y\end{pmatrix}$ 变为

向量$\overrightarrow{OP_1}=\begin{pmatrix}x_1\\y_1\end{pmatrix}=\begin{pmatrix}x\\0\end{pmatrix}$的变换(或看作把点$P$变为点$P_1$的变换),由于向量$\overrightarrow{OP_1}$是向量$\overrightarrow{OP}$在$x$轴上的投影向量(即点$P_1$是点$P$在$x$轴上的投影),因此这是一个投影变换.

2.矩阵加法、减法、数乘、乘积及方阵幂的运算

例 1 设$\boldsymbol{A}=\begin{pmatrix}1&2\\0&3\end{pmatrix}$,$\boldsymbol{B}=\begin{pmatrix}1&0\\0&4\end{pmatrix}$,$\boldsymbol{C}=\begin{pmatrix}1&1\\0&0\end{pmatrix}$,则

$$\boldsymbol{AC}=\begin{pmatrix}1&2\\0&3\end{pmatrix}\begin{pmatrix}1&1\\0&0\end{pmatrix}=\begin{pmatrix}1&1\\0&0\end{pmatrix}=\begin{pmatrix}1&0\\0&4\end{pmatrix}\begin{pmatrix}1&1\\0&0\end{pmatrix}=\boldsymbol{BC}$$

但$\boldsymbol{A}\neq\boldsymbol{B}$.

注:矩阵乘法一般也不满足消去律,即不能从$\boldsymbol{AC}=\boldsymbol{BC}$必然推出$\boldsymbol{A}=\boldsymbol{B}$.

例 2 设$\boldsymbol{A}=(1,0,4)$,$\boldsymbol{B}=\begin{pmatrix}1\\1\\0\end{pmatrix}$.$\boldsymbol{A}$是一个$1\times3$矩阵,$\boldsymbol{B}$是$3\times1$矩阵,因此$\boldsymbol{AB}$有意义,$\boldsymbol{BA}$也有意义;但

$$\boldsymbol{AB}=(1,0,4)\begin{pmatrix}1\\1\\0\end{pmatrix}=1\times1+0\times1+4\times0=1$$

$$\boldsymbol{BA}=\begin{pmatrix}1\\1\\0\end{pmatrix}(1,0,4)=\begin{pmatrix}1\times1&1\times0&1\times4\\1\times1&1\times0&1\times4\\0\times1&0\times0&0\times4\end{pmatrix}=\begin{pmatrix}1&0&4\\1&0&4\\0&0&0\end{pmatrix}$$

例 3 设$\boldsymbol{A}=\begin{pmatrix}a_1&&&\\&a_2&&\\&&\ddots&\\&&&a_n\end{pmatrix}$,$\boldsymbol{B}=\begin{pmatrix}b_1&&&\\&b_2&&\\&&\ddots&\\&&&b_n\end{pmatrix}$.

(这种记法表示主对角线以外没有注明的元素均为零)则

(1)$k\begin{pmatrix}a_1&&&\\&a_2&&\\&&\ddots&\\&&&a_n\end{pmatrix}=\begin{pmatrix}ka_1&&&\\&ka_2&&\\&&\ddots&\\&&&ka_n\end{pmatrix}$;

(2)$\begin{pmatrix}a_1&&&\\&a_2&&\\&&\ddots&\\&&&a_n\end{pmatrix}+\begin{pmatrix}b_1&&&\\&b_2&&\\&&\ddots&\\&&&b_n\end{pmatrix}=\begin{pmatrix}a_1+b_1&&&\\&a_2+b_2&&\\&&\ddots&\\&&&a_n+b_n\end{pmatrix}$;

(3) $$\begin{pmatrix} a_1 & & & \\ & a_2 & & \\ & & \ddots & \\ & & & a_n \end{pmatrix}\begin{pmatrix} b_1 & & & \\ & b_2 & & \\ & & \ddots & \\ & & & b_n \end{pmatrix}=\begin{pmatrix} a_1b_1 & & & \\ & a_2b_2 & & \\ & & \ddots & \\ & & & a_nb_n \end{pmatrix}$$

例 4　某地区有四个工厂 Ⅰ、Ⅱ、Ⅲ、Ⅳ，生产甲、乙、丙三种产品，矩阵 $\boldsymbol{A}$ 表示一年中各工厂生产各种产品的数量，矩阵 $\boldsymbol{B}$ 表示各种产品的单位价格(元) 及单位利润(元)，矩阵 $\boldsymbol{C}$ 表示各工厂的总收入及总利润.

$$\boldsymbol{A}=\begin{pmatrix} a_{11} & a_{12} & a_{13} \\ a_{21} & a_{22} & a_{23} \\ a_{31} & a_{32} & a_{33} \\ a_{41} & a_{42} & a_{43} \end{pmatrix}\begin{matrix} \text{Ⅰ} \\ \text{Ⅱ} \\ \text{Ⅲ} \\ \text{Ⅳ} \end{matrix},\quad \boldsymbol{B}=\begin{pmatrix} b_{11} & b_{12} \\ b_{21} & b_{22} \\ b_{31} & b_{32} \end{pmatrix}\begin{matrix} \text{甲} \\ \text{乙} \\ \text{丙} \end{matrix},\quad \boldsymbol{C}=\begin{pmatrix} c_{11} & c_{12} \\ c_{21} & c_{22} \\ c_{31} & c_{32} \\ c_{41} & c_{42} \end{pmatrix}\begin{matrix} \text{Ⅰ} \\ \text{Ⅱ} \\ \text{Ⅲ} \\ \text{Ⅳ} \end{matrix}$$

甲　乙　丙　　单位价格　单位利润　　总收入　总利润

其中，$a_{ik}(i=1,2,3,4;k=1,2,3)$ 是第 i 个工厂生产第 k 种产品的数量；b_{k1} 及 $b_{k2}(k=1,2,3)$ 分别是第 k 种产品的单位价格及单位利润；c_{i1} 及 $c_{i2}(i=1,2,3,4)$ 分别是第 i 个工厂生产三种产品的总收入及总利润. 则矩阵 $\boldsymbol{A},\boldsymbol{B},\boldsymbol{C}$ 的元素之间有下列关系：

$$\begin{pmatrix} a_{11}b_{11}+a_{12}b_{21}+a_{13}b_{31} & a_{11}b_{12}+a_{12}b_{22}+a_{13}b_{32} \\ a_{21}b_{11}+a_{22}b_{21}+a_{23}b_{31} & a_{21}b_{12}+a_{22}b_{22}+a_{23}b_{32} \\ a_{31}b_{11}+a_{32}b_{21}+a_{33}b_{31} & a_{31}b_{12}+a_{32}b_{22}+a_{33}b_{32} \\ a_{41}b_{11}+a_{42}b_{21}+a_{43}b_{31} & a_{41}b_{12}+a_{42}b_{22}+a_{43}b_{32} \end{pmatrix}=\begin{pmatrix} c_{11} & c_{12} \\ c_{21} & c_{22} \\ c_{31} & c_{32} \\ c_{41} & c_{42} \end{pmatrix}$$

总收入　　　　总利润

其中 $c_{ij}=a_{i1}b_{1j}+a_{i2}b_{2j}+a_{i3}b_{3j}\ (i=1,2,3,4;j=1,2)$，即 $\boldsymbol{C}=\boldsymbol{AB}$.

例 5　$\boldsymbol{A}=\begin{pmatrix} 1 & 0 & 1 \\ & 2 & 0 \\ & & 1 \end{pmatrix}$，求 $\boldsymbol{A}^k(k=2,3,\cdots)$.

解法 1
$$\boldsymbol{A}^2=\begin{pmatrix} 1 & 0 & 1 \\ & 2 & 0 \\ & & 1 \end{pmatrix}\begin{pmatrix} 1 & 0 & 1 \\ & 2 & 0 \\ & & 1 \end{pmatrix}=\begin{pmatrix} 1 & 0 & 2 \\ & 2^2 & 0 \\ & & 1 \end{pmatrix}$$

$$\boldsymbol{A}^3=\boldsymbol{A}^2\boldsymbol{A}=\begin{pmatrix} 1 & 0 & 2 \\ & 2^2 & 0 \\ & & 1 \end{pmatrix}\begin{pmatrix} 1 & 0 & 1 \\ & 2 & 0 \\ & & 1 \end{pmatrix}=\begin{pmatrix} 1 & 0 & 3 \\ & 2^3 & 0 \\ & & 1 \end{pmatrix}$$

可以验证：$\boldsymbol{A}^k=\begin{pmatrix} 1 & 0 & k \\ & 2^k & 0 \\ & & 1 \end{pmatrix}$

解法 2 $\boldsymbol{A}=\begin{pmatrix}1&0&1\\&2&0\\&&1\end{pmatrix}=\begin{pmatrix}1&&\\&2&\\&&1\end{pmatrix}+\begin{pmatrix}0&0&1\\0&0&0\\0&0&0\end{pmatrix}=\boldsymbol{B}+\boldsymbol{C}$

$$\boldsymbol{BC}=\boldsymbol{CB}\Rightarrow(\boldsymbol{B}+\boldsymbol{C})^k=\boldsymbol{B}^k+k\boldsymbol{B}^{k-1}\boldsymbol{C}+\cdots+\boldsymbol{C}^k$$

$$\boldsymbol{C}^2=\boldsymbol{0}\Rightarrow\boldsymbol{A}^k=(\boldsymbol{B}+\boldsymbol{C})^k=\boldsymbol{B}^k+k\boldsymbol{B}^{k-1}\boldsymbol{C}$$

$$=\begin{pmatrix}1&&\\&2^k&\\&&1\end{pmatrix}+k\begin{pmatrix}1&&\\&2^{k-1}&\\&&1\end{pmatrix}\begin{pmatrix}0&0&1\\0&0&0\\0&0&0\end{pmatrix}$$

$$=\begin{pmatrix}1&&\\&2^k&\\&&1\end{pmatrix}+k\begin{pmatrix}0&0&1\\0&0&0\\0&0&0\end{pmatrix}=\begin{pmatrix}1&0&k\\&2^k&0\\&&1\end{pmatrix}$$

3.方阵的行列式运算

例 6 设 $\boldsymbol{A}=\begin{pmatrix}1&0&-1\\2&1&0\\3&2&-1\end{pmatrix}$，$\boldsymbol{B}=\begin{pmatrix}-2&1&0\\0&3&1\\0&0&2\end{pmatrix}$，则

$$\boldsymbol{AB}=\begin{pmatrix}-2&1&-2\\-4&5&1\\-6&9&0\end{pmatrix}$$

$$|\boldsymbol{AB}|=\begin{vmatrix}-2&1&-2\\-4&5&1\\-6&9&0\end{vmatrix}=24$$

又

$$|\boldsymbol{A}|=\begin{vmatrix}1&0&-1\\2&1&0\\3&2&-1\end{vmatrix}=-2$$

$$|\boldsymbol{B}|=\begin{vmatrix}-2&1&0\\0&3&1\\0&0&2\end{vmatrix}=-12$$

因此

$$|\boldsymbol{AB}|=24=(-2)(-12)=|\boldsymbol{A}||\boldsymbol{B}|$$

4.方阵的逆运算

例 7 设 $\boldsymbol{A}=\begin{pmatrix}5&-1&0\\-2&3&1\\2&-1&6\end{pmatrix}$，$\boldsymbol{C}=\begin{pmatrix}2&1\\2&0\\3&5\end{pmatrix}$ 满足 $\boldsymbol{AX}=\boldsymbol{C}+2\boldsymbol{X}$，求 $\boldsymbol{X}$.

解 并项：$(\boldsymbol{A}-2\boldsymbol{E})\boldsymbol{X}=\boldsymbol{C}$

计算：$\boldsymbol{X}=(\boldsymbol{A}-2\boldsymbol{E})^{-1}\boldsymbol{C}$

$$=\frac{1}{5}\begin{pmatrix}5 & 4 & -1\\10 & 12 & -3\\0 & 1 & 1\end{pmatrix}\begin{pmatrix}2 & 1\\2 & 0\\3 & 5\end{pmatrix}$$

$$=\begin{pmatrix}3 & 0\\7 & -1\\1 & 1\end{pmatrix}$$

例 8 已知 $\boldsymbol{A}=\begin{pmatrix}3 & -1 & 0\\-2 & 1 & 1\\1 & -1 & 4\end{pmatrix}$，求 $\boldsymbol{A}^{-1}$.

解 $\boldsymbol{A}^{-1}=\frac{1}{5}\boldsymbol{A}^{*}=\frac{1}{5}\begin{pmatrix}5 & 4 & -1\\10 & 12 & -3\\0 & 1 & 1\end{pmatrix}$.

例 9 已知 $\boldsymbol{A}=\begin{pmatrix}1 & 2 & 3\\2 & 1 & 2\\1 & 3 & 4\end{pmatrix}$，求 $\boldsymbol{A}^{-1}$.

解 $[\boldsymbol{A}\ \vdots\ \boldsymbol{E}]=\left(\begin{array}{ccc:ccc}1 & 2 & 3 & 1 & 0 & 0\\2 & 1 & 2 & 0 & 1 & 0\\1 & 3 & 4 & 0 & 0 & 1\end{array}\right)\xrightarrow[r_3-r_1]{r_2-2r_1}\left(\begin{array}{ccc:ccc}1 & 2 & 3 & 1 & 0 & 0\\0 & -3 & -4 & -2 & 1 & 0\\0 & 1 & 1 & -1 & 0 & 1\end{array}\right)$

$$\xrightarrow{r_2\leftrightarrow r_3}\left(\begin{array}{ccc:ccc}1 & 2 & 3 & 1 & 0 & 0\\0 & 1 & 1 & -1 & 0 & 1\\0 & -3 & -4 & -2 & 1 & 0\end{array}\right)$$

$$\xrightarrow[r_3+3r_2]{r_1-2r_2}\left(\begin{array}{ccc:ccc}1 & 0 & 1 & 3 & 0 & -2\\0 & 1 & 1 & -1 & 0 & 1\\0 & 0 & -1 & -5 & 1 & 3\end{array}\right)$$

$$\xrightarrow[r_2+r_3]{r_1+r_3}\left(\begin{array}{ccc:ccc}1 & 0 & 0 & -2 & 1 & 1\\0 & 1 & 0 & -6 & 1 & 4\\0 & 0 & -1 & -5 & 1 & 3\end{array}\right)\xrightarrow{-r_3}\left(\begin{array}{ccc:ccc}1 & 0 & 0 & -2 & 1 & 1\\0 & 1 & 0 & -6 & 1 & 4\\0 & 0 & 1 & 5 & -1 & -3\end{array}\right)$$

故 $\boldsymbol{A}^{-1}=\begin{pmatrix}-2 & 1 & 1\\-6 & 1 & 4\\5 & -1 & -3\end{pmatrix}$.

例 10 密码问题：

$$a\to 1,\ b\to 2,c\to 3,\cdots,z\to 26$$

加密矩阵：

$$\boldsymbol{A}=\begin{pmatrix}1&2&3\\1&1&2\\0&1&2\end{pmatrix}$$

$\boldsymbol{A}^{-1}$ 就是解密矩阵：

$$\boldsymbol{A}^{-1}=\begin{pmatrix}0&1&-1\\2&-2&-1\\-1&1&1\end{pmatrix}$$

若要发出单词 action,就是要发出数字 1，3，20，9，15，14

加密：$\boldsymbol{A}\begin{pmatrix}1\\3\\20\end{pmatrix}=\begin{pmatrix}67\\44\\43\end{pmatrix}$，$\boldsymbol{A}\begin{pmatrix}9\\15\\14\end{pmatrix}=\begin{pmatrix}81\\52\\43\end{pmatrix}$

发出／接收密码：67，44，43，81，52，43

解密：$\boldsymbol{A}^{-1}\begin{pmatrix}67\\44\\43\end{pmatrix}=\begin{pmatrix}1\\3\\20\end{pmatrix}$，$\boldsymbol{A}^{-1}\begin{pmatrix}81\\52\\43\end{pmatrix}=\begin{pmatrix}9\\15\\14\end{pmatrix}$

明码：数字 1，3，20，9，15，14 就表示单词 action.

5.矩阵的秩

例 11 已知 $\boldsymbol{A}=\begin{pmatrix}2&-3&8&2\\2&12&-2&12\\1&3&1&4\end{pmatrix}$，求 $R(\boldsymbol{A})$.

解 $\boldsymbol{A}\xrightarrow[r_2-2r_3]{r_1-2r_3}\begin{pmatrix}0&-9&6&-6\\0&6&-4&4\\1&3&1&4\end{pmatrix}$

$$\xrightarrow{r_1\leftrightarrow r_3}\begin{pmatrix}1&3&1&4\\0&6&-4&4\\0&-9&6&-6\end{pmatrix}$$

$$\xrightarrow{r_3+\frac{3}{2}r_2}\begin{pmatrix}1&3&1&4\\0&6&-4&4\\0&0&0&0\end{pmatrix}$$

故 $R(\boldsymbol{A})=2$.

6.分块矩阵

例 12 设 $\boldsymbol{A}_{m\times m}$ 与 $\boldsymbol{B}_{n\times n}$ 都可逆，$\boldsymbol{C}_{n\times m}$，$\boldsymbol{M}=\begin{bmatrix}\boldsymbol{A}&\boldsymbol{0}\\\boldsymbol{C}&\boldsymbol{B}\end{bmatrix}$，求 $\boldsymbol{M}^{-1}$.

解 因为 $\det\boldsymbol{M}=(\det\boldsymbol{A})(\det\boldsymbol{B})\neq 0$,所以 $\boldsymbol{M}$ 可逆.

设 $\boldsymbol{M}^{-1}=\begin{pmatrix}\boldsymbol{X}_1&\boldsymbol{X}_2\\\boldsymbol{X}_3&\boldsymbol{X}_4\end{pmatrix}$，则 $\begin{pmatrix}\boldsymbol{A}&\boldsymbol{0}\\\boldsymbol{C}&\boldsymbol{B}\end{pmatrix}\begin{pmatrix}\boldsymbol{X}_1&\boldsymbol{X}_2\\\boldsymbol{X}_3&\boldsymbol{X}_4\end{pmatrix}=\begin{pmatrix}\boldsymbol{E}_m&\boldsymbol{0}\\\boldsymbol{0}&\boldsymbol{E}_n\end{pmatrix}$.所以

$$\begin{cases}\boldsymbol{AX}_1=\boldsymbol{E}_m\\ \boldsymbol{AX}_2=\boldsymbol{0}\\ \boldsymbol{CX}_1+\boldsymbol{BX}_3=\boldsymbol{0}\\ \boldsymbol{CX}_2+\boldsymbol{BX}_4=\boldsymbol{E}_n\end{cases}$$

$$\begin{cases}\boldsymbol{X}_1=\boldsymbol{A}^{-1}\\ \boldsymbol{X}_2=\boldsymbol{0}\\ \boldsymbol{X}_3=-\boldsymbol{B}^{-1}\boldsymbol{CA}^{-1}\\ \boldsymbol{X}_4=\boldsymbol{B}^{-1}\end{cases}$$

故

$$\boldsymbol{M}^{-1}=\begin{pmatrix}\boldsymbol{A}^{-1} & \boldsymbol{0}\\ -\boldsymbol{B}^{-1}\boldsymbol{CA}^{-1} & \boldsymbol{B}^{-1}\end{pmatrix}$$

2.3　教材习题同步解析

习题 2.1 解答

1. 某企业生产 4 种产品，各种产品的季度产值（单位：万元）如下表：

表 1

季度＼产值＼产品	A	B	C	D
1	80	75	75	78
2	98	70	85	84
3	90	75	90	90
4	88	70	82	80

将该表格表示为矩阵形式.

解 $\begin{pmatrix}80 & 75 & 75 & 78\\ 98 & 70 & 85 & 84\\ 90 & 75 & 90 & 90\\ 88 & 70 & 82 & 80\end{pmatrix}$.

2. A，B 两个人玩石头 — 剪刀 — 布的游戏，每个人出法只能在{石头、剪刀、布}中选择一种，若 A 胜利得 1 分，输了得 −1 分，平手得 0 分，试用赢得矩阵来表示 A 的得分.

解 $\begin{pmatrix}0 & 1 & -1\\ -1 & 0 & 1\\ 1 & -1 & 0\end{pmatrix}$.

习题 2.2 解答

1. 设 $A=\begin{pmatrix}1&2&1&2\\2&1&2&1\\1&2&3&4\end{pmatrix}$，$B=\begin{pmatrix}4&3&2&1\\-2&1&-2&1\\0&-1&0&-1\end{pmatrix}$，计算：(1) $3A-B$；(2) $2A+3B$；(3) 若矩阵 X 满足 $(2A-X)+2(B-X)=0$，求 X.

解 (1) $3A-B=3\begin{pmatrix}1&2&1&2\\2&1&2&1\\1&2&3&4\end{pmatrix}-\begin{pmatrix}4&3&2&1\\-2&1&-2&1\\0&-1&0&-1\end{pmatrix}=\begin{pmatrix}-1&3&1&5\\8&2&8&2\\3&7&9&13\end{pmatrix}$；

(2) $2A+3B=2\begin{pmatrix}1&2&1&2\\2&1&2&1\\1&2&3&4\end{pmatrix}+3\begin{pmatrix}4&3&2&1\\-2&1&-2&1\\0&-1&0&-1\end{pmatrix}=\begin{pmatrix}14&13&8&7\\-2&5&-2&5\\2&1&6&5\end{pmatrix}$；

(3) $X=\frac{2}{3}(A+B)=\frac{2}{3}\left[\begin{pmatrix}1&2&1&2\\2&1&2&1\\1&2&3&4\end{pmatrix}+\begin{pmatrix}4&3&2&1\\-2&1&-2&1\\0&-1&0&-1\end{pmatrix}\right]$

$$=\begin{pmatrix}\frac{10}{3}&\frac{10}{3}&2&2\\0&\frac{4}{3}&0&\frac{4}{3}\\\frac{2}{3}&\frac{2}{3}&2&2\end{pmatrix}.$$

2. 设 $A=\begin{pmatrix}x&0\\7&y\end{pmatrix}$，$B=\begin{pmatrix}u&v\\y&2\end{pmatrix}$，$C=\begin{pmatrix}3&-4\\x&v\end{pmatrix}$，且 $A+2B-C=0$，求 x,y,u,v 的值.

解 $A+2B-C=\begin{pmatrix}x&0\\7&y\end{pmatrix}+2\begin{pmatrix}u&v\\y&2\end{pmatrix}-\begin{pmatrix}3&-4\\x&v\end{pmatrix}=\begin{pmatrix}x+2u-3&2v+4\\7+2y-x&y+4-v\end{pmatrix}=$

$\begin{pmatrix}0&0\\0&0\end{pmatrix}$，即 $\begin{cases}x+2u-3=0\\7+2y-x=0\\2v+4=0\\y+4-v=0\end{cases}$，从而有 $x=-5,y=-6,u=4,v=-2$.

3. 计算下列乘积：

(1) $\begin{pmatrix}4&3&1\\1&-2&3\\5&7&0\end{pmatrix}\begin{pmatrix}7\\2\\1\end{pmatrix}$； (2) $(1,2,3)\begin{pmatrix}3\\2\\1\end{pmatrix}$；

(3) $\begin{pmatrix}2\\1\\3\end{pmatrix}(-1,2)$； (4) $\begin{pmatrix}2&1&4&0\\1&-1&3&4\end{pmatrix}\begin{pmatrix}1&3&1\\0&-1&2\\1&-3&1\\4&0&-2\end{pmatrix}$；

(5)$(x_1,x_2,x_3)\begin{pmatrix}a_{11}&a_{12}&a_{13}\\a_{12}&a_{22}&a_{23}\\a_{13}&a_{23}&a_{33}\end{pmatrix}\begin{pmatrix}x_1\\x_2\\x_3\end{pmatrix}$； (6)$\begin{pmatrix}1&2&1&0\\0&1&0&1\\0&0&2&1\\0&0&0&3\end{pmatrix}\begin{pmatrix}1&0&3&1\\0&1&2&-1\\0&0&-2&3\\0&0&0&-3\end{pmatrix}$.

解 (1)$\begin{pmatrix}4&3&1\\1&-2&3\\5&7&0\end{pmatrix}\begin{pmatrix}7\\2\\1\end{pmatrix}=\begin{pmatrix}4\times7+3\times2+1\times1\\1\times7+(-2)\times2+3\times1\\5\times7+7\times2+0\times1\end{pmatrix}=\begin{pmatrix}35\\6\\49\end{pmatrix}$.

(2)$(1\quad 2\quad 3)\begin{pmatrix}3\\2\\1\end{pmatrix}=(1\times3+2\times2+3\times1)=(10)$.

(3)$\begin{pmatrix}2\\1\\3\end{pmatrix}(-1\quad 2)=\begin{pmatrix}2\times(-1)&2\times2\\1\times(-1)&1\times2\\3\times(-1)&3\times2\end{pmatrix}=\begin{pmatrix}-2&4\\-1&2\\-3&6\end{pmatrix}$.

(4)$\begin{pmatrix}2&1&4&0\\1&-1&3&4\end{pmatrix}\begin{pmatrix}1&3&1\\0&-1&2\\1&-3&1\\4&0&-2\end{pmatrix}=\begin{pmatrix}6&-7&8\\20&-5&-6\end{pmatrix}$.

(5) $(x_1\quad x_2\quad x_3)\begin{pmatrix}a_{11}&a_{12}&a_{13}\\a_{12}&a_{22}&a_{23}\\a_{13}&a_{23}&a_{33}\end{pmatrix}\begin{pmatrix}x_1\\x_2\\x_3\end{pmatrix}$

$$=(a_{11}x_1+a_{12}x_2+a_{13}x_3\quad a_{12}x_1+a_{22}x_2+a_{23}x_3\quad a_{13}x_1+a_{23}x_2+a_{33}x_3)\begin{pmatrix}x_1\\x_2\\x_3\end{pmatrix}$$

$$=a_{11}x_1^2+a_{22}x_2^2+a_{33}x_3^2+2a_{12}x_1x_2+2a_{13}x_1x_3+2a_{23}x_2x_3.$$

(6)$\begin{pmatrix}1&2&1&0\\0&1&0&1\\0&0&2&1\\0&0&0&3\end{pmatrix}\begin{pmatrix}1&0&3&1\\0&1&2&-1\\0&0&-2&3\\0&0&0&-3\end{pmatrix}=\begin{pmatrix}1&2&5&2\\0&1&2&-4\\0&0&-4&3\\0&0&0&-9\end{pmatrix}$.

4.已知线性变换：

$$\begin{cases}x_1=2y_1+2y_2+y_3,\\x_2=3y_1+y_2+5y_3,\\x_3=3y_1+2y_2+3y_3,\end{cases}$$

求从变量 x_1,x_2,x_3 到变量 y_1,y_2,y_3 的线性变换.

解 由已知：$\begin{pmatrix}x_1\\x_2\\x_3\end{pmatrix}=\begin{pmatrix}2&2&1\\3&1&5\\3&2&3\end{pmatrix}\begin{pmatrix}y_1\\y_2\\y_2\end{pmatrix}$，故

$$\begin{pmatrix} y_1 \\ y_2 \\ y_2 \end{pmatrix} = \begin{pmatrix} 2 & 2 & 1 \\ 3 & 1 & 5 \\ 3 & 2 & 3 \end{pmatrix}^{-1} \begin{pmatrix} x_1 \\ x_2 \\ x_3 \end{pmatrix} = \begin{pmatrix} -7 & -4 & 9 \\ 6 & 3 & -7 \\ 3 & 2 & -4 \end{pmatrix} \begin{pmatrix} x_1 \\ x_2 \\ x_3 \end{pmatrix}$$

$$\begin{cases} y_1 = -7x_1 - 4x_2 + 9x_3 \\ y_2 = 6x_1 + 3x_2 - 7x_3 \\ y_3 = 3x_1 + 2x_2 - 4x_3 \end{cases}$$

5. 设矩阵 $\boldsymbol{A} = \begin{pmatrix} 1 & 1 \\ 0 & 3 \end{pmatrix}$，$\boldsymbol{B} = \begin{pmatrix} 1 & 0 \\ 2 & 1 \end{pmatrix}$，试验证 $(\boldsymbol{AB})^{\mathrm{T}} = \boldsymbol{B}^{\mathrm{T}}\boldsymbol{A}^{\mathrm{T}}$.

解 $\boldsymbol{AB} = \begin{pmatrix} 1 & 1 \\ 0 & 3 \end{pmatrix} \begin{pmatrix} 1 & 0 \\ 2 & 1 \end{pmatrix} = \begin{pmatrix} 3 & 1 \\ 6 & 3 \end{pmatrix}$，$(\boldsymbol{AB})^{\mathrm{T}} = \begin{pmatrix} 3 & 6 \\ 1 & 3 \end{pmatrix}$，

$\boldsymbol{B}^{\mathrm{T}}\boldsymbol{A}^{\mathrm{T}} = \begin{pmatrix} 1 & 2 \\ 0 & 1 \end{pmatrix} \begin{pmatrix} 1 & 0 \\ 1 & 3 \end{pmatrix} = \begin{pmatrix} 3 & 6 \\ 1 & 3 \end{pmatrix}$，所以 $(\boldsymbol{AB})^{\mathrm{T}} = \boldsymbol{B}^{\mathrm{T}}\boldsymbol{A}^{\mathrm{T}}$.

6. 举反例说明下列命题是错误的：

(1) 若 $\boldsymbol{A}^2 = \boldsymbol{0}$，则 $\boldsymbol{A} = \boldsymbol{0}$；

(2) 若 $\boldsymbol{A}^2 = \boldsymbol{A}$，则 $\boldsymbol{A} = \boldsymbol{0}$ 或 $\boldsymbol{A} = \boldsymbol{E}$；

(3) 若 $\boldsymbol{AX} = \boldsymbol{AY}$，且 $\boldsymbol{A} \neq \boldsymbol{0}$，则 $\boldsymbol{X} = \boldsymbol{Y}$.

解 (1) 取 $\boldsymbol{A} = \begin{pmatrix} 0 & 1 \\ 0 & 0 \end{pmatrix}$，$\boldsymbol{A}^2 = \boldsymbol{0}$，但 $\boldsymbol{A} \neq \boldsymbol{0}$

(2) 取 $\boldsymbol{A} = \begin{pmatrix} 1 & 1 \\ 0 & 0 \end{pmatrix}$，$\boldsymbol{A}^2 = \boldsymbol{A}$，但 $\boldsymbol{A} \neq \boldsymbol{0}$ 且 $\boldsymbol{A} \neq \boldsymbol{E}$

(3) 取 $\boldsymbol{A} = \begin{pmatrix} 1 & 0 \\ 0 & 0 \end{pmatrix}$，$\boldsymbol{X} = \begin{pmatrix} 1 & 1 \\ -1 & 1 \end{pmatrix}$，$\boldsymbol{Y} = \begin{pmatrix} 1 & 1 \\ 0 & 1 \end{pmatrix}$

$\boldsymbol{AX} = \boldsymbol{AY}$ 且 $\boldsymbol{A} \neq \boldsymbol{0}$，但 $\boldsymbol{X} \neq \boldsymbol{Y}$.

7. 设 $\boldsymbol{A} = \begin{pmatrix} 1 & 0 \\ \lambda & 1 \end{pmatrix}$，求 $\boldsymbol{A}^2, \boldsymbol{A}^3, \cdots, \boldsymbol{A}^k$.

解 $\boldsymbol{A}^2 = \begin{pmatrix} 1 & 0 \\ \lambda & 1 \end{pmatrix} \begin{pmatrix} 1 & 0 \\ \lambda & 1 \end{pmatrix} = \begin{pmatrix} 1 & 0 \\ 2\lambda & 1 \end{pmatrix}$

$\boldsymbol{A}^3 = \boldsymbol{A}^2\boldsymbol{A} = \begin{pmatrix} 1 & 0 \\ 2\lambda & 1 \end{pmatrix} \begin{pmatrix} 1 & 0 \\ \lambda & 1 \end{pmatrix} = \begin{pmatrix} 1 & 0 \\ 3\lambda & 1 \end{pmatrix}$

利用数学归纳法证明：$\boldsymbol{A}^k = \begin{pmatrix} 1 & 0 \\ k\lambda & 1 \end{pmatrix}$

当 $k = 1$ 时，显然成立，假设 k 时成立，则 $k + 1$ 时

$$\boldsymbol{A}^{k+1} = \boldsymbol{A}^k\boldsymbol{A} = \begin{pmatrix} 1 & 0 \\ k\lambda & 1 \end{pmatrix} \begin{pmatrix} 1 & 0 \\ \lambda & 1 \end{pmatrix} = \begin{pmatrix} 1 & 0 \\ (k+1)\lambda & 1 \end{pmatrix}$$

由数学归纳法原理知：$\boldsymbol{A}^k=\begin{pmatrix}1 & 0\\ k\lambda & 1\end{pmatrix}$.

8. 设 $\boldsymbol{A},\boldsymbol{B}$ 为 n 阶矩阵，且 $\boldsymbol{A}$ 为对称矩阵，证明 $\boldsymbol{B}^{\mathrm{T}}\boldsymbol{A}\boldsymbol{B}$ 也是对称矩阵.

证　因为

$$\boldsymbol{A}^{\mathrm{T}}=\boldsymbol{A}$$

所以

$$(\boldsymbol{B}^{\mathrm{T}}\boldsymbol{A}\boldsymbol{B})^{\mathrm{T}}=\boldsymbol{B}^{\mathrm{T}}(\boldsymbol{B}^{\mathrm{T}}\boldsymbol{A})^{\mathrm{T}}=\boldsymbol{B}^{\mathrm{T}}\boldsymbol{A}^{\mathrm{T}}\boldsymbol{B}=\boldsymbol{B}^{\mathrm{T}}\boldsymbol{A}\boldsymbol{B}$$

从而 $\boldsymbol{B}^{\mathrm{T}}\boldsymbol{A}\boldsymbol{B}$ 是对称矩阵.

9. 设矩阵 $\boldsymbol{A}$ 为三阶方阵，已知 $|\boldsymbol{A}|=m$，求 $|-m\boldsymbol{A}|$.

解　$|-m\boldsymbol{A}|=(-m)^3|\boldsymbol{A}|=-m^4$

10. 设 $\boldsymbol{A},\boldsymbol{B}$ 为 n 阶矩阵，且 $\boldsymbol{A}=\dfrac{1}{2}(\boldsymbol{B}+\boldsymbol{E})$，证明 $\boldsymbol{A}^2=\boldsymbol{A}$，当且仅当 $\boldsymbol{B}^2=\boldsymbol{E}$.

解　若 $\boldsymbol{A}^2=\boldsymbol{A}$，则

$$\boldsymbol{A}^2=\frac{1}{4}(\boldsymbol{B}+\boldsymbol{E})(\boldsymbol{B}+\boldsymbol{E})=\frac{1}{4}(\boldsymbol{B}^2+2\boldsymbol{B}+\boldsymbol{E})=\frac{1}{2}(\boldsymbol{B}+\boldsymbol{E})$$

即 $\boldsymbol{B}^2+2\boldsymbol{B}+\boldsymbol{E}=2\boldsymbol{B}+2\boldsymbol{E}$，从而有 $\boldsymbol{B}^2=\boldsymbol{E}$.

若 $\boldsymbol{B}^2=\boldsymbol{E}$，则

$$\boldsymbol{A}^2=\frac{1}{4}(\boldsymbol{B}^2+2\boldsymbol{B}+\boldsymbol{E})=\frac{1}{4}(\boldsymbol{E}+2\boldsymbol{B}+\boldsymbol{E})=\frac{1}{2}(\boldsymbol{B}+\boldsymbol{E})=\boldsymbol{A}$$

11. 设 $f(x)=ax^2+bx+c$，$\boldsymbol{A}$ 为 n 阶矩阵，$\boldsymbol{E}$ 为 n 阶单位阵，定义 $f(\boldsymbol{A})=a\boldsymbol{A}^2+b\boldsymbol{A}+c\boldsymbol{E}$，已知 $f(x)=x^2-x-1$，$\boldsymbol{A}=\begin{pmatrix}3 & 1 & 1\\ 3 & 1 & 2\\ 1 & -1 & 0\end{pmatrix}$，求 $f(\boldsymbol{A})$.

解

$$f(\boldsymbol{A})=\begin{pmatrix}3 & 1 & 1\\ 3 & 1 & 2\\ 1 & -1 & 0\end{pmatrix}^2-\begin{pmatrix}3 & 1 & 1\\ 3 & 1 & 2\\ 1 & -1 & 0\end{pmatrix}-\begin{pmatrix}1 & 0 & 0\\ 0 & 1 & 0\\ 0 & 0 & 1\end{pmatrix}$$

$$=\begin{pmatrix}13 & 3 & 5\\ 14 & 2 & 5\\ 0 & 0 & -1\end{pmatrix}-\begin{pmatrix}3 & 1 & 1\\ 3 & 1 & 2\\ 1 & -1 & 0\end{pmatrix}-\begin{pmatrix}1 & 0 & 0\\ 0 & 1 & 0\\ 0 & 0 & 1\end{pmatrix}=\begin{pmatrix}9 & 2 & 4\\ 11 & 0 & 3\\ -1 & 1 & -2\end{pmatrix}$$

习题 2.3 解答

1. 求下列矩阵的逆矩阵：

(1) $\begin{pmatrix}1 & 2\\ 2 & 5\end{pmatrix}$；　(2) $\begin{pmatrix}\cos\theta & -\sin\theta\\ \sin\theta & \cos\theta\end{pmatrix}$；　(3) $\begin{pmatrix}1 & 2 & -1\\ 3 & 4 & -2\\ 5 & -4 & 1\end{pmatrix}$；

(4) $\begin{pmatrix} 1 & 0 & 0 & 0 \\ 1 & 2 & 0 & 0 \\ 2 & 1 & 3 & 0 \\ 1 & 2 & 1 & 4 \end{pmatrix}$；(5) $\begin{pmatrix} 5 & 2 & 0 & 0 \\ 2 & 1 & 0 & 0 \\ 0 & 0 & 8 & 3 \\ 0 & 0 & 5 & 2 \end{pmatrix}$；

(6) $\begin{pmatrix} a_1 & & & 0 \\ & a_2 & & \\ & & \ddots & \\ 0 & & & a_n \end{pmatrix}$ $(a_1a_2\cdots a_n \neq 0)$

解 (1)$\boldsymbol{A}=\begin{pmatrix} 1 & 2 \\ 2 & 5 \end{pmatrix}$，$|\boldsymbol{A}|=1, A_{11}=5, A_{21}=2\times(-1), A_{12}=2\times(-1), A_{22}=1$

$\boldsymbol{A}^*=\begin{pmatrix} A_{11} & A_{21} \\ A_{12} & A_{22} \end{pmatrix}=\begin{pmatrix} 5 & -2 \\ -2 & 1 \end{pmatrix}$，$\boldsymbol{A}^{-1}=\dfrac{1}{|\boldsymbol{A}|}\boldsymbol{A}^*$

故 $\boldsymbol{A}^{-1}=\begin{pmatrix} 5 & -2 \\ -2 & 1 \end{pmatrix}$.

(2) $|\boldsymbol{A}|=1\neq 0$，故 $\boldsymbol{A}^{-1}$ 存在，$A_{11}=\cos\theta, A_{21}=\sin\theta, A_{12}=-\sin\theta, A_{22}=\cos\theta$.
从而

$$\boldsymbol{A}^{-1}=\begin{pmatrix} \cos\theta & \sin\theta \\ -\sin\theta & \cos\theta \end{pmatrix}$$

(3) $|\boldsymbol{A}|=2$，故 $\boldsymbol{A}^{-1}$ 存在

$$A_{11}=-4,\quad A_{21}=2,\quad A_{31}=0$$

而
$$A_{12}=-13,\quad A_{22}=6,\quad A_{32}=-1$$
$$A_{13}=-32,\quad A_{23}=14,\quad A_{33}=-2$$

故

$$\boldsymbol{A}^{-1}=\frac{1}{|\boldsymbol{A}|}\boldsymbol{A}^*=\begin{pmatrix} -2 & 1 & 0 \\ -\dfrac{13}{2} & 3 & -\dfrac{1}{2} \\ -16 & 7 & -1 \end{pmatrix}$$

(4) $|\boldsymbol{A}|=24, A_{21}=A_{31}=A_{41}=A_{32}=A_{42}=A_{43}=0$

$A_{11}=24, A_{22}=12, A_{33}=8, A_{44}=6$

$$A_{12}=(-1)^3\begin{vmatrix} 1 & 0 & 0 \\ 2 & 3 & 0 \\ 1 & 1 & 4 \end{vmatrix}=-12, A_{13}=(-1)^4\begin{vmatrix} 1 & 2 & 0 \\ 2 & 1 & 0 \\ 1 & 2 & 4 \end{vmatrix}=-12$$

$$A_{14}=(-1)^5\begin{vmatrix} 1 & 2 & 0 \\ 2 & 1 & 3 \\ 1 & 2 & 1 \end{vmatrix}=3, A_{23}=(-1)^5\begin{vmatrix} 1 & 0 & 0 \\ 2 & 1 & 0 \\ 1 & 2 & 4 \end{vmatrix}=-4$$

$$A_{24}=(-1)^6\begin{vmatrix}1&0&0\\2&1&3\\1&2&1\end{vmatrix}=-5,A_{34}=(-1)^7\begin{vmatrix}1&0&0\\1&2&0\\1&2&1\end{vmatrix}=-2$$

故

$$\boldsymbol{A}^{-1}=\begin{pmatrix}1&0&0&0\\-\frac{1}{2}&\frac{1}{2}&0&0\\-\frac{1}{2}&-\frac{1}{6}&\frac{1}{3}&0\\\frac{1}{8}&-\frac{5}{24}&-\frac{1}{12}&\frac{1}{4}\end{pmatrix}$$

(5) $|\boldsymbol{A}|=1\neq 0$,故 $\boldsymbol{A}^{-1}$ 存在

而

$$\begin{aligned}&A_{11}=1,\quad A_{21}=-2,\quad A_{31}=0,\quad A_{41}=0\\&A_{12}=-2,\quad A_{22}=5,\quad A_{32}=0,\quad A_{42}=0\\&A_{13}=0,\quad A_{23}=0,\quad A_{33}=2,\quad A_{43}=-3\\&A_{14}=0,\quad A_{24}=0,\quad A_{34}=-5,\quad A_{44}=8\end{aligned}$$

从而

$$\boldsymbol{A}^{-1}=\begin{pmatrix}1&-2&0&0\\-2&5&0&0\\0&0&2&-3\\0&0&-5&8\end{pmatrix}$$

(6)
$$\boldsymbol{A}=\begin{pmatrix}a_1&&&0\\&a_2&&\\&&\ddots&\\0&&&a_n\end{pmatrix}$$

由对角矩阵的性质知

$$\boldsymbol{A}^{-1}=\begin{pmatrix}\frac{1}{a_1}&&&0\\&\frac{1}{a_2}&&\\&&\ddots&\\0&&&\frac{1}{a_n}\end{pmatrix}$$

2.解下列矩阵方程：

(1) $\begin{pmatrix}2&5\\1&3\end{pmatrix}\boldsymbol{X}=\begin{pmatrix}4&-6\\2&1\end{pmatrix}$； (2) $\boldsymbol{X}\begin{pmatrix}2&1&-1\\2&1&0\\1&-1&1\end{pmatrix}=\begin{pmatrix}1&-1&3\\4&3&2\end{pmatrix}$；

(3) $\begin{pmatrix}1&4\\-1&2\end{pmatrix}\boldsymbol{X}\begin{pmatrix}2&0\\-1&1\end{pmatrix}=\begin{pmatrix}3&1\\0&-1\end{pmatrix}$；

(4) $\begin{pmatrix}0&1&0\\1&0&0\\0&0&1\end{pmatrix}\boldsymbol{X}\begin{pmatrix}1&0&0\\0&0&1\\0&1&0\end{pmatrix}=\begin{pmatrix}1&-4&3\\2&0&-1\\1&-2&0\end{pmatrix}$.

解

(1) $\boldsymbol{X}=\begin{pmatrix}2&5\\1&3\end{pmatrix}^{-1}\begin{pmatrix}4&-6\\2&1\end{pmatrix}=\begin{pmatrix}3&-5\\-1&2\end{pmatrix}\begin{pmatrix}4&-6\\2&1\end{pmatrix}=\begin{pmatrix}2&-23\\0&8\end{pmatrix}$

(2) $\boldsymbol{X}=\begin{pmatrix}1&-1&3\\4&3&2\end{pmatrix}\begin{pmatrix}2&1&-1\\2&1&0\\1&-1&1\end{pmatrix}^{-1}=\dfrac{1}{3}\begin{pmatrix}1&-1&3\\4&3&2\end{pmatrix}\begin{pmatrix}1&0&1\\-2&3&-2\\-3&3&0\end{pmatrix}$

$$=\begin{pmatrix}-2&2&1\\-\dfrac{8}{3}&5&-\dfrac{2}{3}\end{pmatrix}$$

(3) $\boldsymbol{X}=\begin{pmatrix}1&4\\-1&2\end{pmatrix}^{-1}\begin{pmatrix}3&1\\0&-1\end{pmatrix}\begin{pmatrix}2&0\\-1&1\end{pmatrix}^{-1}=\dfrac{1}{12}\begin{pmatrix}2&-4\\1&1\end{pmatrix}\begin{pmatrix}3&1\\0&-1\end{pmatrix}\begin{pmatrix}1&0\\1&2\end{pmatrix}$

$$=\frac{1}{12}\begin{pmatrix}6&6\\3&0\end{pmatrix}\begin{pmatrix}1&0\\1&2\end{pmatrix}=\begin{pmatrix}1&1\\\dfrac{1}{4}&0\end{pmatrix}$$

(4) $\boldsymbol{X}=\begin{pmatrix}0&1&0\\1&0&0\\0&0&1\end{pmatrix}^{-1}\begin{pmatrix}1&-4&3\\2&0&-1\\1&-2&0\end{pmatrix}\begin{pmatrix}1&0&0\\0&0&1\\0&1&0\end{pmatrix}^{-1}$

$$=\begin{pmatrix}0&1&0\\1&0&0\\0&0&1\end{pmatrix}\begin{pmatrix}1&-4&3\\2&0&-1\\1&-2&0\end{pmatrix}\begin{pmatrix}1&0&0\\0&0&1\\0&1&0\end{pmatrix}=\begin{pmatrix}2&-1&0\\1&3&-4\\1&0&-2\end{pmatrix}$$

3.设 $\boldsymbol{A}^k=\boldsymbol{0}$（$k$ 为正整数），证明 $(\boldsymbol{E}-\boldsymbol{A})^{-1}=\boldsymbol{E}+\boldsymbol{A}+\boldsymbol{A}^2+\cdots+\boldsymbol{A}^{k-1}$.

证　一方面，

$$\boldsymbol{E}=(\boldsymbol{E}-\boldsymbol{A})^{-1}(\boldsymbol{E}-\boldsymbol{A})$$

另一方面，由 $\boldsymbol{A}^k=\boldsymbol{0}$ 有

$$\begin{aligned}\boldsymbol{E}&=(\boldsymbol{E}-\boldsymbol{A})+(\boldsymbol{A}-\boldsymbol{A}^2)+\boldsymbol{A}^2-\cdots-\boldsymbol{A}^{k-1}+(\boldsymbol{A}^{k-1}-\boldsymbol{A}^k)\\&=(\boldsymbol{E}+\boldsymbol{A}+\boldsymbol{A}^2+\cdots+\boldsymbol{A}^{k-1})(\boldsymbol{E}-\boldsymbol{A})\end{aligned}$$

故

$$(\boldsymbol{E}-\boldsymbol{A})^{-1}(\boldsymbol{E}-\boldsymbol{A})=(\boldsymbol{E}+\boldsymbol{A}+\boldsymbol{A}^2+\cdots+\boldsymbol{A}^{k-1})(\boldsymbol{E}-\boldsymbol{A})$$

两端同时右乘$(\boldsymbol{E}-\boldsymbol{A})^{-1}$，就有

$$(\boldsymbol{E}-\boldsymbol{A})^{-1}=\boldsymbol{E}+\boldsymbol{A}+\boldsymbol{A}^2+\cdots+\boldsymbol{A}^{k-1}$$

4. 设方阵 $\boldsymbol{A}$ 满足 $\boldsymbol{A}^2-\boldsymbol{A}-2\boldsymbol{E}=\boldsymbol{0}$，证明 $\boldsymbol{A}$ 及 $\boldsymbol{A}+2\boldsymbol{E}$ 都可逆，并求 $\boldsymbol{A}^{-1}$ 及 $(\boldsymbol{A}+2\boldsymbol{E})^{-1}$.

证　由 $\boldsymbol{A}^2-\boldsymbol{A}-2\boldsymbol{E}=\boldsymbol{0}$ 得 $\boldsymbol{A}^2-\boldsymbol{A}=2\boldsymbol{E}$，两端同时取行列式：$|\boldsymbol{A}^2-\boldsymbol{A}|=2$.
即 $|\boldsymbol{A}|\,|\boldsymbol{A}-\boldsymbol{E}|=2$，故 $|\boldsymbol{A}|\neq 0$.
所以 $\boldsymbol{A}$ 可逆，而 $\boldsymbol{A}+2\boldsymbol{E}=\boldsymbol{A}^2$.

$$|\boldsymbol{A}+2\boldsymbol{E}|=|\boldsymbol{A}^2|=|\boldsymbol{A}|^2\neq 0$$

故 $\boldsymbol{A}+2\boldsymbol{E}$ 也可逆.

由

$$\boldsymbol{A}^2-\boldsymbol{A}-2\boldsymbol{E}=\boldsymbol{0}\Rightarrow\boldsymbol{A}(\boldsymbol{A}-\boldsymbol{E})=2\boldsymbol{E}$$

$$\Rightarrow\boldsymbol{A}^{-1}\boldsymbol{A}(\boldsymbol{A}-\boldsymbol{E})=2\boldsymbol{A}^{-1}\boldsymbol{E}\Rightarrow\boldsymbol{A}^{-1}=\frac{1}{2}(\boldsymbol{A}-\boldsymbol{E})$$

又由

$$\boldsymbol{A}^2-\boldsymbol{A}-2\boldsymbol{E}=\boldsymbol{0}\Rightarrow(\boldsymbol{A}+2\boldsymbol{E})\boldsymbol{A}-3(\boldsymbol{A}+2\boldsymbol{E})=-4\boldsymbol{E}$$

$$\Rightarrow(\boldsymbol{A}+2\boldsymbol{E})(\boldsymbol{A}-3\boldsymbol{E})=-4\boldsymbol{E}$$

所以

$$(\boldsymbol{A}+2\boldsymbol{E})^{-1}(\boldsymbol{A}+2\boldsymbol{E})(\boldsymbol{A}-3\boldsymbol{E})=-4\,(\boldsymbol{A}+2\boldsymbol{E})^{-1}$$

所以

$$(\boldsymbol{A}+2\boldsymbol{E})^{-1}=\frac{1}{4}(3\boldsymbol{E}-\boldsymbol{A})$$

5. 若三阶矩阵 $\boldsymbol{A}$ 的伴随矩阵为 $\boldsymbol{A}^*$，并已知 $|\boldsymbol{A}|=\frac{1}{2}$，求 $|(3\boldsymbol{A})^{-1}-2\boldsymbol{A}^*|$.

解　因为 $\boldsymbol{A}^*=|\boldsymbol{A}|\boldsymbol{A}^{-1}=\frac{1}{2}\boldsymbol{A}^{-1}$，所以

$$|(3\boldsymbol{A})^{-1}-2\boldsymbol{A}^*|=\left|\frac{1}{3}\boldsymbol{A}^{-1}-\boldsymbol{A}^{-1}\right|=\left|-\frac{2}{3}\boldsymbol{A}^{-1}\right|=\left(\frac{2}{3}\right)^3|\boldsymbol{A}^{-1}|=-\frac{16}{27}$$

6. (1) 设 $\boldsymbol{A}=\begin{pmatrix}0&3&3\\1&1&0\\-1&2&3\end{pmatrix}$，$\boldsymbol{AB}=\boldsymbol{A}+2\boldsymbol{B}$，求 $\boldsymbol{B}$；

(2) 设 $\boldsymbol{A}=\begin{pmatrix}1&0&1\\0&2&0\\1&0&1\end{pmatrix}$，$\boldsymbol{AB}+\boldsymbol{E}=\boldsymbol{A}^2+\boldsymbol{B}$，求 $\boldsymbol{B}$.

解　(1) 由 $\boldsymbol{AB}=\boldsymbol{A}+2\boldsymbol{B}$ 可得 $(\boldsymbol{A}-2\boldsymbol{E})\boldsymbol{B}=\boldsymbol{A}$，故

$$\boldsymbol{B}=(\boldsymbol{A}-2\boldsymbol{E})^{-1}\boldsymbol{A}=\begin{pmatrix}-2&3&3\\1&-1&0\\-1&2&1\end{pmatrix}^{-1}\begin{pmatrix}0&3&3\\1&1&0\\-1&2&3\end{pmatrix}=\begin{pmatrix}0&3&3\\-1&2&3\\1&1&0\end{pmatrix}$$

(2) 由 $AB+E=A^2+B$，得未知矩阵满足 $(A-E)B=A^2-E=(A-E)(A+E)$，其中
$A-E=\begin{pmatrix}0&0&1\\0&1&0\\1&0&0\end{pmatrix}$，因为 $|A-E|=-1\neq 0$，故可逆，用 $(A-E)^{-1}$ 左乘上式两端，即得

$$B=A+E=\begin{pmatrix}2&0&1\\0&3&0\\1&0&2\end{pmatrix}$$

7. 设 n 阶矩阵 A 的伴随矩阵为 A^*，证明：

(1) 若 $|A|=0$，则 $|A^*|=0$；

(2) $|A^*|=|A|^{n-1}$.

证 (1) 用反证法证明. 假设 $|A^*|\neq 0$，则有 $A^*(A^*)^{-1}=E$，由此得 $A=AA^*(A^*)^{-1}=|A|E(A^*)^{-1}=\mathbf{0}$，所以 $A^*=\mathbf{0}$，这与 $|A^*|\neq 0$ 矛盾，故当 $|A|=0$ 时，有 $|A^*|=0$.

(2) 由于 $A^{-1}=\dfrac{1}{|A|}A^*$，则 $AA^*=|A|E$，取行列式得到：$|A||A^*|=|A|^n$，若 $|A|\neq 0$，则 $|A^*|=|A|^{n-1}$，若 $|A|=0$，由(1)知 $|A^*|=0$. 此时命题也成立，故有 $|A^*|=|A|^{n-1}$.

8. 设 $P^{-1}AP=\Lambda$，其中 $P=\begin{pmatrix}-1&-4\\1&1\end{pmatrix}$，$\Lambda=\begin{pmatrix}-1&0\\0&2\end{pmatrix}$，求 A^{11}.

解 $P^{-1}AP=\Lambda$，故 $A=P\Lambda P^{-1}$，所以 $A^{11}=P\Lambda^{11}P^{-1}$.

$$|P|=3,\quad P^*=\begin{pmatrix}1&4\\-1&1\end{pmatrix},\quad P^{-1}=\frac{1}{3}\begin{pmatrix}1&4\\-1&-1\end{pmatrix}$$

而

$$\Lambda^{11}=\begin{pmatrix}-1&0\\0&2\end{pmatrix}^{11}=\begin{pmatrix}-1&0\\0&2^{11}\end{pmatrix}$$

故

$$A^{11}=\begin{pmatrix}-1&-4\\1&1\end{pmatrix}\begin{pmatrix}-1&0\\0&2^{11}\end{pmatrix}\begin{pmatrix}\frac{1}{3}&\frac{4}{3}\\-\frac{1}{3}&-\frac{1}{3}\end{pmatrix}=\begin{pmatrix}2\,731&2\,732\\-683&-684\end{pmatrix}$$

习题 2.4 解答

1. 把下列矩阵化为行最简形矩阵：

(1) $\begin{pmatrix}1&0&2&-1\\2&0&3&1\\3&0&4&-3\end{pmatrix}$；(2) $\begin{pmatrix}0&2&-3&1\\0&3&-4&3\\0&4&-7&-1\end{pmatrix}$；

(3) $\begin{pmatrix}1&-1&3&-4&3\\3&-3&5&-4&1\\2&-2&3&-2&0\\3&-3&4&-2&-1\end{pmatrix}$； (4) $\begin{pmatrix}2&3&1&-3&-7\\1&2&0&-2&-4\\3&-2&8&3&0\\2&-3&7&4&3\end{pmatrix}$.

解 (1) $$\begin{pmatrix}1&0&2&-1\\2&0&3&1\\3&0&4&-3\end{pmatrix}\xrightarrow[r_3+(-3)r_1]{r_2+(-2)r_1}\begin{pmatrix}1&0&2&-1\\0&0&-1&3\\0&0&-2&0\end{pmatrix}$$

$$\xrightarrow[r_3\div(-2)]{r_2\div(-1)}\begin{pmatrix}1&0&2&-1\\0&0&1&-3\\0&0&1&0\end{pmatrix}\xrightarrow{r_3-r_2}\begin{pmatrix}1&0&2&-1\\0&0&1&-3\\0&0&0&3\end{pmatrix}$$

$$\xrightarrow{r_3\div 3}\begin{pmatrix}1&0&2&-1\\0&0&1&-3\\0&0&0&1\end{pmatrix}\xrightarrow{r_2+3r_3}\begin{pmatrix}1&0&2&-1\\0&0&1&0\\0&0&0&1\end{pmatrix}$$

$$\xrightarrow[r_1+r_3]{r_1+(-2)r_2}\begin{pmatrix}1&0&0&0\\0&0&1&0\\0&0&0&1\end{pmatrix}$$

(2) $$\begin{pmatrix}0&2&-3&1\\0&3&-4&3\\0&4&-7&-1\end{pmatrix}\xrightarrow[r_3+(-2)r_1]{r_2\times 2+(-3)r_1}\begin{pmatrix}0&2&-3&1\\0&0&1&3\\0&0&-1&-3\end{pmatrix}$$

$$\xrightarrow[r_1+3r_2]{r_3+r_2}\begin{pmatrix}0&2&0&10\\0&0&1&3\\0&0&0&0\end{pmatrix}\xrightarrow{r_1\div 2}\begin{pmatrix}0&1&0&5\\0&0&1&3\\0&0&0&0\end{pmatrix}$$

(3) $$\begin{pmatrix}1&-1&3&-4&3\\3&-3&5&-4&1\\2&-2&3&-2&0\\3&-3&4&-2&-1\end{pmatrix}\xrightarrow[\substack{r_3-2r_1\\r_4-3r_1}]{r_2-3r_1}\begin{pmatrix}1&-1&3&-4&3\\0&0&-4&8&-8\\0&0&-3&6&-6\\0&0&-5&10&-10\end{pmatrix}$$

$$\xrightarrow[\substack{r_3\div(-3)\\r_4\div(-5)}]{r_2\div(-4)}\begin{pmatrix}1&-1&3&-4&3\\0&0&1&-2&2\\0&0&1&-2&2\\0&0&1&-2&2\end{pmatrix}\xrightarrow[\substack{r_3-r_2\\r_4-r_2}]{r_1-3r_2}\begin{pmatrix}1&-1&0&2&-3\\0&0&1&-2&2\\0&0&0&0&0\\0&0&0&0&0\end{pmatrix}$$

(4) $$\begin{pmatrix}2&3&1&-3&-7\\1&2&0&-2&-4\\3&-2&8&3&0\\2&-3&7&4&3\end{pmatrix}\xrightarrow[\substack{r_3-3r_2\\r_4-2r_2}]{r_1-2r_2}\begin{pmatrix}0&-1&1&1&1\\1&2&0&-2&-4\\0&-8&8&9&12\\0&-7&7&8&11\end{pmatrix}$$

$$\xrightarrow[\substack{r_3-8r_1\\ r_4-7r_1}]{r_2+2r_1}\begin{pmatrix}0&-1&1&1&1\\1&0&2&0&-2\\0&0&0&1&4\\0&0&0&1&4\end{pmatrix}\xrightarrow[\substack{r_2\times(-1)\\ r_4-r_3}]{r_1\leftrightarrow r_2}\begin{pmatrix}1&0&2&0&-2\\0&1&-1&-1&-1\\0&0&0&1&4\\0&0&0&0&0\end{pmatrix}$$

$$\xrightarrow{r_2+r_3}\begin{pmatrix}1&0&2&0&-2\\0&1&-1&0&3\\0&0&0&1&4\\0&0&0&0&0\end{pmatrix}$$

2. 试利用矩阵的初等变换，求下列方阵的逆矩阵：

(1) $\begin{pmatrix}3&2&1\\3&1&5\\3&2&3\end{pmatrix}$； (2) $\begin{pmatrix}3&-2&0&-1\\0&2&2&1\\1&-2&-3&-2\\0&1&2&1\end{pmatrix}$.

解 (1) $\begin{pmatrix}3&2&1&1&0&0\\3&1&5&0&1&0\\3&2&3&0&0&1\end{pmatrix}\xrightarrow{\substack{r_2-r_1\\ r_3-r_1}}\begin{pmatrix}3&2&1&1&0&0\\0&-1&4&-1&1&0\\0&0&2&-1&0&1\end{pmatrix}$

$$\xrightarrow{\substack{r_1-\frac{1}{2}r_3\\ r_2-2r_3}}\begin{pmatrix}3&2&0&\frac{3}{2}&0&-\frac{1}{2}\\0&-1&0&1&1&-2\\0&0&2&-1&0&1\end{pmatrix}$$

$$\xrightarrow{r_1+2r_2}\begin{pmatrix}3&0&0&\frac{7}{2}&2&-\frac{9}{2}\\0&-1&0&1&1&-2\\0&0&1&-\frac{1}{2}&0&\frac{1}{2}\end{pmatrix}$$

$$\xrightarrow{\frac{r_3}{2}}\begin{pmatrix}1&0&0&\frac{7}{6}&\frac{2}{3}&-\frac{3}{2}\\0&1&0&-1&-1&2\\0&0&1&-\frac{1}{2}&0&\frac{1}{2}\end{pmatrix}$$

故逆矩阵为$\begin{pmatrix}\frac{7}{6}&\frac{2}{3}&-\frac{3}{2}\\-1&-1&2\\-\frac{1}{2}&0&\frac{1}{2}\end{pmatrix}$.

(2) $\begin{pmatrix} 3 & -2 & 0 & -1 & 1 & 0 & 0 & 0 \\ 0 & 2 & 2 & 1 & 0 & 1 & 0 & 0 \\ 1 & -2 & -3 & -2 & 0 & 0 & 1 & 0 \\ 0 & 1 & 2 & 1 & 0 & 0 & 0 & 1 \end{pmatrix}$

$\xrightarrow[r_3-3r_1]{r_1\leftrightarrow r_3} \begin{pmatrix} 1 & -2 & -3 & -2 & 0 & 0 & 1 & 0 \\ 0 & 1 & 2 & 1 & 0 & 0 & 0 & 1 \\ 0 & 4 & 9 & 5 & 1 & 0 & -3 & 0 \\ 0 & 2 & 2 & 1 & 0 & 1 & 0 & 0 \end{pmatrix}$

$\xrightarrow[r_4-2r_1]{r_3-4r_2} \begin{pmatrix} 1 & -2 & -3 & -2 & 0 & 0 & 1 & 0 \\ 0 & 1 & 2 & 1 & 0 & 0 & 0 & 1 \\ 0 & 0 & 1 & 1 & 1 & 0 & -3 & -4 \\ 0 & 0 & -2 & -1 & 0 & 1 & 0 & -2 \end{pmatrix}$

$\xrightarrow{r_4+2r_3} \begin{pmatrix} 1 & -2 & -3 & -2 & 0 & 0 & 1 & 0 \\ 0 & 1 & 2 & 1 & 0 & 0 & 0 & 1 \\ 0 & 0 & 1 & 1 & 1 & 0 & -3 & -4 \\ 0 & 0 & 0 & 1 & 2 & 1 & -6 & -10 \end{pmatrix}$

$\xrightarrow[\substack{r_2-r_4\\ r_1+2r_4}]{r_3-r_4} \begin{pmatrix} 1 & -2 & 0 & 0 & -1 & -1 & -2 & -2 \\ 0 & 1 & 0 & 0 & 0 & 1 & 0 & -1 \\ 0 & 0 & 1 & 0 & -1 & -1 & 3 & 6 \\ 0 & 0 & 0 & 1 & 2 & 1 & -6 & -10 \end{pmatrix}$

$\xrightarrow{r_1+2r_2} \begin{pmatrix} 1 & 0 & 0 & 0 & 1 & 1 & -2 & -4 \\ 0 & 1 & 0 & 0 & 0 & 1 & 0 & -1 \\ 0 & 0 & 1 & 0 & -1 & -1 & 3 & 6 \\ 0 & 0 & 0 & 1 & 2 & 1 & -6 & -10 \end{pmatrix}$

故逆矩阵为 $\begin{pmatrix} 1 & 1 & -2 & -4 \\ 0 & 1 & 0 & -1 \\ -1 & -1 & 3 & 6 \\ 2 & 1 & -6 & -10 \end{pmatrix}$.

3. (1) 设 $\boldsymbol{A}=\begin{pmatrix} 4 & 1 & -2 \\ 2 & 2 & 1 \\ 3 & 1 & -1 \end{pmatrix}$，$\boldsymbol{B}=\begin{pmatrix} 1 & -3 \\ 2 & 2 \\ 3 & -1 \end{pmatrix}$，**求 $\boldsymbol{X}$ 使 $\boldsymbol{AX}=\boldsymbol{B}$；**

(2) 设 $\boldsymbol{A}=\begin{pmatrix} 0 & 2 & 1 \\ 2 & -1 & 3 \\ -3 & 3 & -4 \end{pmatrix}$，$\boldsymbol{B}=\begin{pmatrix} 1 & 2 & 3 \\ 2 & -3 & 1 \end{pmatrix}$，**求 $\boldsymbol{X}$ 使 $\boldsymbol{XA}=\boldsymbol{B}$；**

(3) 设 $\boldsymbol{A}=\begin{pmatrix}1&-1&0\\0&1&-1\\-1&0&1\end{pmatrix}$，$\boldsymbol{AX}=2\boldsymbol{X}+\boldsymbol{A}$，求 $\boldsymbol{X}$.

解 (1) $(\boldsymbol{A}|\boldsymbol{B})=\left(\begin{array}{ccc:cc}4&1&-2&1&-3\\2&2&1&2&2\\3&1&-1&3&-1\end{array}\right)\xrightarrow{\text{初等行变换}}\left(\begin{array}{ccc:cc}1&0&0&10&2\\0&1&0&-15&-3\\0&0&1&12&4\end{array}\right)$

所以 $\boldsymbol{X}=\boldsymbol{A}^{-1}\boldsymbol{B}=\begin{pmatrix}10&2\\-15&-3\\12&4\end{pmatrix}$.

(2) $\left(\dfrac{\boldsymbol{A}}{\boldsymbol{B}}\right)=\left(\begin{array}{ccc}0&2&1\\2&-1&3\\-3&3&-4\\\hdashline 1&2&3\\2&-3&1\end{array}\right)\xrightarrow{\text{初等列变换}}\left(\begin{array}{ccc}1&0&0\\0&1&0\\0&0&1\\\hdashline 2&-1&-1\\-4&7&4\end{array}\right)$

所以 $\boldsymbol{X}=\boldsymbol{BA}^{-1}=\begin{pmatrix}2&-1&-1\\-4&7&4\end{pmatrix}$.

(3) 由已知 $(\boldsymbol{A}-2\boldsymbol{E})\boldsymbol{X}=\boldsymbol{A}$，故

$$(\boldsymbol{A}-2\boldsymbol{E}|\boldsymbol{A})=\left(\begin{array}{ccc:ccc}-1&-1&0&1&-1&0\\0&-1&-1&0&1&-1\\-1&0&1&&&\end{array}\right)\xrightarrow{\text{初等行变换}}\left(\begin{array}{ccc:ccc}1&0&0&0&1&-1\\0&1&0&-1&0&1\\0&0&1&1&-1&0\end{array}\right).$$

4. 设 $\boldsymbol{A},\boldsymbol{B}$ 为 n 阶矩阵，满足 $2\boldsymbol{A}-\boldsymbol{B}-\boldsymbol{AB}=\boldsymbol{E}$，$\boldsymbol{A}^2=\boldsymbol{A}$，其中 $\boldsymbol{E}$ 为 n 阶单位矩阵，

(1) 证明：$\boldsymbol{A}-\boldsymbol{B}$ 为可逆矩阵，并求 $(\boldsymbol{A}-\boldsymbol{B})^{-1}$；

(2) 已知 $\boldsymbol{A}=\begin{pmatrix}1&0&0\\0&3&-1\\0&6&-2\end{pmatrix}$，试求矩阵 $\boldsymbol{B}$.

证 (1) 由于 $\boldsymbol{A}^2=\boldsymbol{A}$，于是

$$\begin{aligned}2\boldsymbol{A}-\boldsymbol{B}-\boldsymbol{AB}&=\boldsymbol{A}-\boldsymbol{B}+\boldsymbol{A}-\boldsymbol{AB}=\boldsymbol{A}-\boldsymbol{B}+\boldsymbol{A}^2-\boldsymbol{AB}\\&=(\boldsymbol{A}-\boldsymbol{B})+\boldsymbol{A}(\boldsymbol{A}-\boldsymbol{B})=(\boldsymbol{E}+\boldsymbol{A})(\boldsymbol{A}-\boldsymbol{B})=\boldsymbol{E}\end{aligned}$$

故 $(\boldsymbol{A}-\boldsymbol{B})^{-1}=\boldsymbol{E}+\boldsymbol{A}$.

(2) 由(1)知，$(\boldsymbol{A}-\boldsymbol{B})^{-1}=\boldsymbol{E}+\boldsymbol{A}$，$\boldsymbol{A}-\boldsymbol{B}=(\boldsymbol{E}+\boldsymbol{A})^{-1}$，故

$$\boldsymbol{B}=\boldsymbol{A}-(\boldsymbol{E}+\boldsymbol{A})^{-1}$$

而 $\boldsymbol{E}+\boldsymbol{A}=\begin{pmatrix}2&0&0\\0&4&-1\\0&6&-1\end{pmatrix}$，$(\boldsymbol{E}+\boldsymbol{A})^{-1}=\begin{pmatrix}\frac{1}{2}&0&0\\0&-\frac{1}{2}&\frac{1}{2}\\0&-3&2\end{pmatrix}$，所以

$$\boldsymbol{B}=\boldsymbol{A}-(\boldsymbol{E}+\boldsymbol{A})^{-1}=\begin{pmatrix}\frac{1}{2} & 0 & 0\\ 0 & \frac{7}{2} & -\frac{3}{2}\\ 0 & 9 & 4\end{pmatrix}$$

习题 2.5 解答

1. 在秩是 r 的矩阵中，有没有等于 0 的 $r-1$ 阶子式？有没有等于 0 的 r 阶子式？

解　在秩是 r 的矩阵中，可能存在等于 0 的 $r-1$ 阶子式，也可能存在等于 0 的 r 阶子式. 例如，$\boldsymbol{\alpha}=\begin{pmatrix}1 & 0 & 0 & 0\\ 0 & 1 & 0 & 0\\ 0 & 0 & 1 & 0\\ 0 & 0 & 0 & 0\\ 0 & 0 & 0 & 0\end{pmatrix}$，$R(\boldsymbol{\alpha})=3$，同时存在等于 0 的三阶子式和二阶子式.

2. 从矩阵 $\boldsymbol{A}$ 中划去一行得到矩阵 $\boldsymbol{B}$，问 $\boldsymbol{A}$，$\boldsymbol{B}$ 的秩的关系怎样？

解　$R(\boldsymbol{A})\geqslant R(\boldsymbol{B})$

设 $R(\boldsymbol{B})=r$，且 $\boldsymbol{B}$ 的某个 r 阶子式 $\boldsymbol{D}_r\neq\boldsymbol{0}$. 矩阵 $\boldsymbol{B}$ 是由矩阵 $\boldsymbol{A}$ 划去一行得到的，所以在 $\boldsymbol{A}$ 中能找到与 $\boldsymbol{D}_r$ 相同的 r 阶子式 $\overline{\boldsymbol{D}_r}$，由于 $\overline{\boldsymbol{D}_r}=\boldsymbol{D}_r\neq\boldsymbol{0}$，故而 $R(\boldsymbol{A})\geqslant R(\boldsymbol{B})$.

3. 求作一个秩是 4 的方阵，它的两个行向量是 $(1,0,1,0,0)$，$(1,-1,0,0,0)$.

解　设 $\boldsymbol{\alpha}_1,\boldsymbol{\alpha}_2,\boldsymbol{\alpha}_3,\boldsymbol{\alpha}_4,\boldsymbol{\alpha}_5$ 为五维向量，且 $\boldsymbol{\alpha}_1=(1,0,1,0,0)$，$\boldsymbol{\alpha}_2=(1,-1,0,0,0)$，则所求方阵可为 $\boldsymbol{A}=\begin{pmatrix}\boldsymbol{\alpha}_1\\ \boldsymbol{\alpha}_2\\ \boldsymbol{\alpha}_3\\ \boldsymbol{\alpha}_4\\ \boldsymbol{\alpha}_5\end{pmatrix}$，秩为 4，不妨设

$$\begin{cases}\boldsymbol{\alpha}_3=(0,0,0,x_4,0)\\ \boldsymbol{\alpha}_4=(0,0,0,0,x_5)\\ \boldsymbol{\alpha}_5=(0,0,0,0,0)\end{cases}$$

取 $x_4=x_5=1$.

故满足条件的一个方阵为

$$\begin{pmatrix}1 & 0 & 1 & 0 & 0\\ 1 & -1 & 0 & 0 & 0\\ 0 & 0 & 0 & 1 & 0\\ 0 & 0 & 0 & 0 & 1\\ 0 & 0 & 0 & 0 & 0\end{pmatrix}$$

4. 求下列矩阵的秩，并求一个最高阶非零子式：

(1) $\begin{pmatrix} 3 & 1 & 0 & 2 \\ 1 & -1 & 2 & -1 \\ 1 & 3 & -4 & 4 \end{pmatrix}$； (2) $\begin{pmatrix} 3 & 2 & -1 & -3 & -1 \\ 2 & -1 & 3 & 1 & -3 \\ 7 & 0 & 5 & -1 & -8 \end{pmatrix}$；

(3) $\begin{pmatrix} 2 & 1 & 8 & 3 & 7 \\ 2 & -3 & 0 & 7 & -5 \\ 3 & -2 & 5 & 8 & 0 \\ 1 & 0 & 3 & 2 & 0 \end{pmatrix}$.

解 (1) $\begin{pmatrix} 3 & 1 & 0 & 2 \\ 1 & -1 & 2 & -1 \\ 1 & 3 & -4 & 4 \end{pmatrix} \xrightarrow{r_1 \leftrightarrow r_2} \begin{pmatrix} 1 & -1 & 2 & -1 \\ 3 & 1 & 0 & 2 \\ 1 & 3 & -4 & 4 \end{pmatrix}$

$\xrightarrow[r_3 - r_1]{r_2 - 3r_1} \begin{pmatrix} 1 & -1 & 2 & -1 \\ 0 & 4 & -6 & 5 \\ 0 & 4 & -6 & 5 \end{pmatrix} \xrightarrow{r_3 - r_2} \begin{pmatrix} 1 & -1 & 2 & -1 \\ 0 & 4 & -6 & 5 \\ 0 & 0 & 0 & 0 \end{pmatrix}$ 秩为 2

二阶子式 $\begin{vmatrix} 3 & 1 \\ 1 & -1 \end{vmatrix} = -4$.

(2) $\begin{pmatrix} 3 & 2 & -1 & -3 & -2 \\ 2 & -1 & 3 & 1 & -3 \\ 7 & 0 & 5 & -1 & -8 \end{pmatrix} \xrightarrow[\substack{r_2 - 2r_1 \\ r_3 - 7r_1}]{r_1 - r_2} \begin{pmatrix} 1 & 3 & -4 & -4 & 1 \\ 0 & -7 & 11 & 9 & -5 \\ 0 & -21 & 33 & 27 & -15 \end{pmatrix}$

$\xrightarrow{r_3 - 3r_2} \begin{pmatrix} 1 & 3 & -4 & -4 & 1 \\ 0 & -7 & 11 & 9 & -5 \\ 0 & 0 & 0 & 0 & 0 \end{pmatrix}$ 秩为 2

二阶子式 $\begin{vmatrix} 3 & 2 \\ 2 & -1 \end{vmatrix} = -7$.

(3) $\begin{pmatrix} 2 & 1 & 8 & 3 & 7 \\ 2 & -3 & 0 & 7 & -5 \\ 3 & -2 & 5 & 8 & 0 \\ 1 & 0 & 3 & 2 & 0 \end{pmatrix} \xrightarrow[\substack{r_2 - 2r_4 \\ r_3 - 3r_4}]{r_1 - 2r_4} \begin{pmatrix} 0 & 1 & 2 & -1 & 7 \\ 0 & -3 & -6 & 3 & -5 \\ 0 & -2 & -4 & 2 & 0 \\ 1 & 0 & 3 & 2 & 0 \end{pmatrix}$

$\xrightarrow[r_3 + 2r_1]{r_2 + 3r_1} \begin{pmatrix} 0 & 1 & 2 & -1 & 7 \\ 0 & 0 & 0 & 0 & 16 \\ 0 & 0 & 0 & 0 & 14 \\ 1 & 0 & 3 & 2 & 0 \end{pmatrix} \xrightarrow[\substack{r_4 \leftrightarrow r_1 \\ r_3 \div 14 \\ r_4 \div 16 \\ r_4 - r_3}]{r_1 \leftrightarrow r_2} \begin{pmatrix} 1 & 0 & 3 & 2 & 0 \\ 0 & 1 & 2 & -1 & 7 \\ 0 & 0 & 0 & 0 & 1 \\ 0 & 0 & 0 & 0 & 0 \end{pmatrix}$ 秩为 3

三阶子式 $\begin{vmatrix} 0 & 7 & -5 \\ 5 & 8 & 0 \\ 3 & 2 & 0 \end{vmatrix} = -5 \begin{vmatrix} 5 & 8 \\ 3 & 2 \end{vmatrix} = 70 \neq 0$.

5. 设矩阵 $\boldsymbol{A}=\begin{pmatrix}1 & \lambda & -1 & 2\\ 2 & -1 & \lambda & 5\\ 1 & 10 & -6 & 1\end{pmatrix}$，其中 λ 为参数，求矩阵 $\boldsymbol{A}$ 的秩.

解 对 $\boldsymbol{A}$ 进行初等变换，得

$$\boldsymbol{A}\to\begin{pmatrix}0 & \lambda-10 & 5 & 1\\ 0 & -21 & \lambda+12 & 3\\ 1 & 10 & -6 & 1\end{pmatrix}\to\begin{pmatrix}1 & 10 & -6 & 1\\ 0 & 9-3\lambda & \lambda-3 & 0\\ 0 & \lambda-10 & 5 & 1\end{pmatrix}\to\begin{pmatrix}1 & 10 & -6 & 1\\ 0 & \lambda-10 & 5 & 1\\ 0 & 9-3\lambda & \lambda-3 & 0\end{pmatrix}$$

当 $\lambda=3$ 时，$R(\boldsymbol{A})=2$，当 $\lambda\neq 3$ 时，$R(\boldsymbol{A})=3$.

6. 设 n 阶矩阵 $\boldsymbol{A}$ 满足 $\boldsymbol{A}^2=\boldsymbol{A}$，$\boldsymbol{E}$ 为 n 阶单位矩阵，证明：$R(\boldsymbol{A})+R(\boldsymbol{A}-\boldsymbol{E})=n$.

证 因为 $\boldsymbol{A}^2=\boldsymbol{A}$，故 $\boldsymbol{A}^2-\boldsymbol{A}=\boldsymbol{A}(\boldsymbol{A}-\boldsymbol{E})=\boldsymbol{0}$，所以

$$R(\boldsymbol{A})+R(\boldsymbol{A}-\boldsymbol{E})\leqslant n$$

又因为 $R(\boldsymbol{A}-\boldsymbol{E})=R(\boldsymbol{E}-\boldsymbol{A})$，且

$$R(\boldsymbol{A})+R(\boldsymbol{A}-\boldsymbol{E})=R(\boldsymbol{A})+R(\boldsymbol{E}-\boldsymbol{A})\geqslant R(\boldsymbol{A}+\boldsymbol{E}-\boldsymbol{A})=n$$

从而 $R(\boldsymbol{A})+R(\boldsymbol{A}-\boldsymbol{E})=n$.

习题 2.6 解答

1. 计算 $\begin{pmatrix}1 & 2 & 1 & 0\\ 0 & 1 & 0 & 1\\ 0 & 0 & 2 & 1\\ 0 & 0 & 0 & 3\end{pmatrix}\begin{pmatrix}1 & 0 & 3 & 0\\ 0 & 1 & 2 & -1\\ 0 & 0 & -2 & 3\\ 0 & 0 & 0 & -3\end{pmatrix}$.

解 $$\left(\begin{array}{cc:cc}1 & 2 & 1 & 0\\ 0 & 1 & 0 & 1\\ \hdashline 0 & 0 & 2 & 1\\ 0 & 0 & 0 & 3\end{array}\right)\left(\begin{array}{cc:cc}1 & 0 & 3 & 1\\ 0 & 1 & 2 & -1\\ \hdashline 0 & 0 & -2 & 3\\ 0 & 0 & 0 & -3\end{array}\right)$$

$$=\begin{pmatrix}\begin{pmatrix}1 & 2\\ 0 & 1\end{pmatrix}\begin{pmatrix}1 & 0\\ 0 & 1\end{pmatrix}+\begin{pmatrix}1 & 0\\ 0 & 1\end{pmatrix}\begin{pmatrix}0 & 0\\ 0 & 0\end{pmatrix} & \begin{pmatrix}1 & 2\\ 0 & 1\end{pmatrix}\begin{pmatrix}3 & 1\\ 2 & -1\end{pmatrix}+\begin{pmatrix}1 & 0\\ 0 & 1\end{pmatrix}\begin{pmatrix}-2 & 3\\ 0 & -3\end{pmatrix}\\ \begin{pmatrix}0 & 0\\ 0 & 0\end{pmatrix}\begin{pmatrix}1 & 0\\ 0 & 1\end{pmatrix}+\begin{pmatrix}2 & 1\\ 0 & 3\end{pmatrix}\begin{pmatrix}0 & 0\\ 0 & 0\end{pmatrix} & \begin{pmatrix}0 & 0\\ 0 & 0\end{pmatrix}\begin{pmatrix}3 & 1\\ 0 & -1\end{pmatrix}+\begin{pmatrix}2 & 1\\ 0 & 3\end{pmatrix}\begin{pmatrix}-2 & 3\\ 0 & -3\end{pmatrix}\end{pmatrix}$$

$$=\begin{pmatrix}1 & 2 & 5 & 2\\ 0 & 1 & 2 & -4\\ 0 & 0 & -4 & 3\\ 0 & 0 & 0 & -9\end{pmatrix}$$

2. 用分块矩阵求下列矩阵的逆矩阵：

(1) $\begin{pmatrix} 0 & 0 & 2 \\ 1 & 2 & 0 \\ 3 & 4 & 0 \end{pmatrix}$； (2) $\begin{pmatrix} 5 & 2 & 0 & 0 \\ 2 & 1 & 0 & 0 \\ 0 & 0 & 8 & 3 \\ 0 & 0 & 5 & 2 \end{pmatrix}$.

解 (1) 对原矩阵做分块 $\boldsymbol{A}=\begin{pmatrix} \boldsymbol{0} & \boldsymbol{A}_1 \\ \boldsymbol{A}_2 & \boldsymbol{0} \end{pmatrix}$，其中

$$\boldsymbol{A}_1=(2),\quad \boldsymbol{A}_1^{-1}=\left(\frac{1}{2}\right),\quad \boldsymbol{A}_2=\begin{pmatrix} 1 & 2 \\ 3 & 4 \end{pmatrix},\quad \boldsymbol{A}_2^{-1}=\begin{pmatrix} -2 & 1 \\ \frac{3}{2} & -\frac{1}{2} \end{pmatrix}$$

故 $\boldsymbol{A}^{-1}=\begin{pmatrix} \boldsymbol{0} & \boldsymbol{A}_2^{-1} \\ \boldsymbol{A}_1^{-1} & \boldsymbol{0} \end{pmatrix}=\begin{pmatrix} 0 & -2 & 1 \\ 0 & \frac{3}{2} & -\frac{1}{2} \\ \frac{1}{2} & 0 & 0 \end{pmatrix}$.

(2) 对原矩阵做分块 $\boldsymbol{A}=\begin{pmatrix} \boldsymbol{A}_1 & \boldsymbol{0} \\ \boldsymbol{0} & \boldsymbol{A}_2 \end{pmatrix}$，其中

$$\boldsymbol{A}_1^{-1}=\begin{pmatrix} 1 & -2 \\ -2 & 5 \end{pmatrix},\quad \boldsymbol{A}_2^{-1}=\begin{pmatrix} 2 & -3 \\ -5 & 8 \end{pmatrix}$$

故

$$\boldsymbol{A}^{-1}=\begin{pmatrix} \boldsymbol{A}_1^{-1} & \boldsymbol{0} \\ \boldsymbol{0} & \boldsymbol{A}_2^{-1} \end{pmatrix}=\begin{pmatrix} 1 & -2 & 0 & 0 \\ -2 & 5 & 0 & 0 \\ 0 & 0 & 2 & -3 \\ 0 & 0 & -5 & 8 \end{pmatrix}$$

3. 取 $\boldsymbol{A}=\boldsymbol{B}=-\boldsymbol{C}=\boldsymbol{D}=\begin{pmatrix} 1 & 0 \\ 0 & 1 \end{pmatrix}$，验证 $\begin{vmatrix} \boldsymbol{A} & \boldsymbol{B} \\ \boldsymbol{C} & \boldsymbol{D} \end{vmatrix} \neq \begin{vmatrix} |\boldsymbol{A}| & |\boldsymbol{B}| \\ |\boldsymbol{C}| & |\boldsymbol{D}| \end{vmatrix}$.

检验：$\begin{vmatrix} \boldsymbol{A} & \boldsymbol{B} \\ \boldsymbol{C} & \boldsymbol{D} \end{vmatrix}=\begin{vmatrix} 1 & 0 & 1 & 0 \\ 0 & 1 & 0 & 1 \\ -1 & 0 & 1 & 0 \\ 0 & -1 & 0 & 1 \end{vmatrix}=\begin{vmatrix} 2 & 0 & 0 & 0 \\ 0 & 2 & 0 & 0 \\ -1 & 0 & 1 & 0 \\ 0 & -1 & 0 & 1 \end{vmatrix}=\begin{vmatrix} 2 & 0 \\ 0 & 2 \end{vmatrix}\begin{vmatrix} 1 & 0 \\ 0 & 1 \end{vmatrix}=4$

而 $\begin{vmatrix} |\boldsymbol{A}| & |\boldsymbol{B}| \\ |\boldsymbol{C}| & |\boldsymbol{D}| \end{vmatrix}=\begin{vmatrix} 1 & 1 \\ 1 & 1 \end{vmatrix}=0$，故 $\begin{vmatrix} \boldsymbol{A} & \boldsymbol{B} \\ \boldsymbol{C} & \boldsymbol{D} \end{vmatrix} \neq \begin{vmatrix} |\boldsymbol{A}| & |\boldsymbol{B}| \\ |\boldsymbol{C}| & |\boldsymbol{D}| \end{vmatrix}$.

4. 设 $\boldsymbol{A}=\begin{pmatrix} 3 & 4 & & \\ 4 & -3 & \multicolumn{2}{c}{\boldsymbol{0}} \\ & & 2 & 0 \\ \multicolumn{2}{c}{\boldsymbol{0}} & 2 & 2 \end{pmatrix}$，求 $|\boldsymbol{A}^8|$ 及 $\boldsymbol{A}^4$.

解 $A = \begin{bmatrix} 3 & 4 & & \\ 4 & -3 & & \mathbf{0} \\ & & 2 & 0 \\ \mathbf{0} & & 2 & 2 \end{bmatrix}$，令 $A_1 = \begin{bmatrix} 3 & 4 \\ 4 & -3 \end{bmatrix}$，$A_2 = \begin{bmatrix} 2 & 0 \\ 2 & 2 \end{bmatrix}$

则 $A = \begin{bmatrix} A_1 & \mathbf{0} \\ \mathbf{0} & A_2 \end{bmatrix}$.

故

$$A^8 = \begin{bmatrix} A_1 & \mathbf{0} \\ \mathbf{0} & A_2 \end{bmatrix}^8 = \begin{bmatrix} A_1^8 & \mathbf{0} \\ \mathbf{0} & A_2^8 \end{bmatrix}$$

$$|A^8| = |A_1^8| |A_2^8| = |A_1|^8 |A_2|^8 = 10^{16}$$

$$A^4 = \begin{bmatrix} A_1^4 & \mathbf{0} \\ \mathbf{0} & A_2^4 \end{bmatrix} = \begin{bmatrix} 5^4 & 0 & & \\ 0 & 5^4 & & \mathbf{0} \\ & & 2^4 & 0 \\ \mathbf{0} & & 2^6 & 2^4 \end{bmatrix}$$

5. 设 n 阶矩阵 A 及 s 阶矩阵 B 都可逆，求 $\begin{bmatrix} \mathbf{0} & A \\ B & \mathbf{0} \end{bmatrix}^{-1}$.

解 将 $\begin{bmatrix} \mathbf{0} & A \\ B & \mathbf{0} \end{bmatrix}^{-1}$ 分块为 $\begin{bmatrix} C_1 & C_2 \\ C_3 & C_4 \end{bmatrix}$

其中，C_1 为 $s \times n$ 矩阵，C_2 为 $s \times s$ 矩阵，C_3 为 $n \times n$ 矩阵，C_4 为 $n \times s$ 矩阵.

则

$$\begin{bmatrix} \mathbf{0} & A_{n \times n} \\ B_{s \times s} & \mathbf{0} \end{bmatrix} \begin{bmatrix} C_1 & C_2 \\ C_3 & C_4 \end{bmatrix} = E = \begin{bmatrix} E_n & \mathbf{0} \\ \mathbf{0} & E_s \end{bmatrix}$$

由此得到

$$\begin{cases} AC_3 = E_n \Rightarrow C_3 = A^{-1} \\ AC_4 = \mathbf{0} \Rightarrow C_4 = \mathbf{0}(A^{-1} \text{ 存在}) \\ BC_1 = \mathbf{0} \Rightarrow C_1 = \mathbf{0}(B^{-1} \text{ 存在}) \\ BC_2 = E_s \Rightarrow C_2 = B^{-1} \end{cases}$$

故

$$\begin{bmatrix} \mathbf{0} & A \\ B & \mathbf{0} \end{bmatrix}^{-1} = \begin{bmatrix} \mathbf{0} & B^{-1} \\ A^{-1} & \mathbf{0} \end{bmatrix}$$

2.4 验收测试题

一、填空题

1. 已知 $\boldsymbol{A}=\begin{pmatrix}11 & 2\\3 & 7\end{pmatrix}$，则 $R(\boldsymbol{A})=$________.

2. 设 $\begin{pmatrix}2 & 5\\1 & 3\end{pmatrix}\boldsymbol{X}=\begin{pmatrix}4 & -6\\2 & 1\end{pmatrix}$，则 $\boldsymbol{X}=$________.

3. 已知矩阵 $\boldsymbol{A}=\begin{pmatrix}1 & 1 & 2 & -2\\1 & 3 & -x & -2x\\1 & -1 & 6 & 0\end{pmatrix}$ 的秩为 2，则 $x=$________.

4. 设 $\boldsymbol{A}=\begin{pmatrix}2 & -3 & 1\\1 & a & 1\\5 & 0 & 3\end{pmatrix}$，且 $R(\boldsymbol{A})=2$，则 $a=$________.

5. 设已知矩阵 $\boldsymbol{A}$ 为 2 阶矩阵，且 $|\boldsymbol{A}|=\frac{1}{2}$，则 $|2\boldsymbol{A}|=$________.

6. 设 $\boldsymbol{A},\boldsymbol{B}$ 为 n 阶矩阵，且 $|\boldsymbol{A}|=2$，$|\boldsymbol{B}|=-3$，$\boldsymbol{A}^*$ 为 $\boldsymbol{A}$ 的伴随矩阵，则 $|2\boldsymbol{A}^*\boldsymbol{B}^{-1}|=$________.

7. $\boldsymbol{A}$ 为 5 阶方阵，且 $|\boldsymbol{A}|=3$，则 $|\boldsymbol{A}^*|=$________.

8. 若可逆矩阵 $\boldsymbol{A}$ 满足 $\boldsymbol{A}^2=\boldsymbol{E}$，则 $\boldsymbol{A}^{-1}=$________.

9. 设 $\boldsymbol{A}$ 为 3 阶矩阵，且 $|\boldsymbol{A}|=4$，则 $\left|\left(\frac{1}{2}\boldsymbol{A}\right)^2\right|=$________.

10. 设矩阵 $\boldsymbol{A}$ 满足 $\boldsymbol{A}^2+\boldsymbol{A}-4\boldsymbol{E}=\boldsymbol{0}$，其中 $\boldsymbol{E}$ 为单位矩阵，则 $(\boldsymbol{A}-\boldsymbol{E})^{-1}=$________.

二、选择题

1. 设 $\boldsymbol{A}$ 为 3 阶方阵，$R(\boldsymbol{A})=1$，则(　　)

A. $R(\boldsymbol{A}^*)=0$　　B. $R(\boldsymbol{A}^*)=1$　　C. $R(\boldsymbol{A}^*)=2$　　D. $R(\boldsymbol{A}^*)=3$

2. 设 $\boldsymbol{A}$ 是 $m\times k$ 矩阵，$\boldsymbol{B}$ 是 $k\times n$ 矩阵，$\boldsymbol{C}$ 是 $n\times m$ 矩阵，则下列运算中无意义的是(　　)

A. $\boldsymbol{ABC}$　　B. $\boldsymbol{BCA}$　　C. $\boldsymbol{A}^{\mathrm{T}}+\boldsymbol{BC}$　　D. $\boldsymbol{A}+\boldsymbol{BC}$

3. 设 $\boldsymbol{A}$ 是 4 阶矩阵，则 $|-\boldsymbol{A}|=$(　　)

A. $-4|\boldsymbol{A}|$　　B. $|\boldsymbol{A}|$　　C. $4|\boldsymbol{A}|$　　D. $-|\boldsymbol{A}|$

4. 设 $\boldsymbol{A}$ 为 n 阶可逆矩阵，下列运算中正确的是(　　)

A. $(\boldsymbol{A}^{\mathrm{T}})^{-1}=\boldsymbol{A}$　　B. $[(\boldsymbol{A}^{\mathrm{T}})^{\mathrm{T}}]^{-1}=[(\boldsymbol{A}^{-1})^{-1}]^{\mathrm{T}}$

C. $(2\boldsymbol{A})^{\mathrm{T}}=2\boldsymbol{A}^{\mathrm{T}}$　　D. $(3\boldsymbol{A})^{-1}=3\boldsymbol{A}^{-1}$

5. 设 $\boldsymbol{A},\boldsymbol{B}$ 均为 n 阶矩阵，则下列结论成立的是(　　)

A. $\boldsymbol{AB}\neq\boldsymbol{0}\Leftrightarrow\boldsymbol{A}\neq\boldsymbol{0}$ 且 $\boldsymbol{B}\neq\boldsymbol{0}$　　B. $\boldsymbol{A}=\boldsymbol{E}\Leftrightarrow|\boldsymbol{A}|=1$

C. $|\boldsymbol{A}|=0 \Leftrightarrow \boldsymbol{A}=\boldsymbol{0}$　　　　D. $|\boldsymbol{AB}|=0 \Leftrightarrow |\boldsymbol{A}|=0$ 或 $|\boldsymbol{B}|=0$

6. 有矩阵 $\boldsymbol{A}_{3\times 2}$，$\boldsymbol{B}_{2\times 3}$，$\boldsymbol{C}_{3\times 3}$，下列矩阵可行的是(　　)

A. $\boldsymbol{AC}$　　B. $\boldsymbol{ABC}$　　C. $\boldsymbol{BAC}$　　D. $\boldsymbol{AB}-\boldsymbol{BC}$

7. 设 $\boldsymbol{A}$，$\boldsymbol{B}$，$\boldsymbol{C}$ 均为 n 阶矩阵，且 $\boldsymbol{AB}=\boldsymbol{BA}$，$\boldsymbol{AC}=\boldsymbol{CA}$，则 $\boldsymbol{ABC}=$(　　)

A. $\boldsymbol{ACB}$　　B. $\boldsymbol{CBA}$　　C. $\boldsymbol{BCA}$　　D. $\boldsymbol{CAB}$

8. 设 $\boldsymbol{A}$，$\boldsymbol{B}$，$\boldsymbol{C}$ 均为 n 阶方阵，且 $\boldsymbol{AB}=\boldsymbol{BC}=\boldsymbol{CA}=\boldsymbol{E}$，则 $\boldsymbol{A}^2+\boldsymbol{B}^2+\boldsymbol{C}^2=$(　　)

A. $3\boldsymbol{E}$　　B. $2\boldsymbol{E}$　　C. $\boldsymbol{E}$　　D. $\boldsymbol{0}$

9. 设 $\boldsymbol{A}$ 为 4 阶方阵，且 $R(\boldsymbol{A})=4$，则 $R(\boldsymbol{A}^*)=$(　　)

A. 0　　B. 1　　C. 2　　D. 4

10. 设 $\boldsymbol{A}$ 是 3 阶方阵，将 $\boldsymbol{A}$ 的第 1 列与第 2 列交换得 $\boldsymbol{B}$，再把 $\boldsymbol{B}$ 的第 2 列加到第 3 列得 $\boldsymbol{C}$，则满足 $\boldsymbol{AQ}=\boldsymbol{C}$ 的可逆矩阵 $\boldsymbol{Q}$ 为(　　)

A. $\begin{pmatrix}0&1&0\\1&0&0\\1&0&1\end{pmatrix}$　　B. $\begin{pmatrix}0&1&0\\1&0&1\\0&0&1\end{pmatrix}$

C. $\begin{pmatrix}0&1&0\\1&0&0\\0&1&1\end{pmatrix}$　　D. $\begin{pmatrix}0&1&1\\1&0&0\\0&0&1\end{pmatrix}$

2.5　验收测试题答案

一、填空题

1. 2　2. $\begin{pmatrix}2&-23\\0&8\end{pmatrix}$　3. 2　4. 6　5. 2　6. $-\frac{2^{2n-1}}{3}$　7. 27　8. $\boldsymbol{A}$　9. $\frac{1}{4}$　10. $\frac{1}{2}(\boldsymbol{A}+2\boldsymbol{E})$

二、选择题

1. A　2. D　3. B　4. C　5. D　6. B　7. C　8. A　9. D　10. D

第 3 章

线性方程组

3.1 内容提要

一、线性方程组的消元解法

1. 线性方程组解的情况

设 n 元非齐次线性方程组

$$\boldsymbol{Ax}=\boldsymbol{b} \tag{1}$$

(1) 方程组(1) 无解的充分必要条件是 $R(\boldsymbol{A})\neq R(\boldsymbol{B})$;

(2) 方程组(1) 有唯一解的充分必要条件是 $R(\boldsymbol{A})=R(\boldsymbol{B})=n$;

(3) 方程组(1) 有无限多解的充分必要条件是 $R(\boldsymbol{A})=R(\boldsymbol{B})<n$.

2. 解 n 元非齐次线性方程组 $\boldsymbol{Ax}=\boldsymbol{b}$ 的步骤

(1) 化 $\boldsymbol{B}$ 为行阶梯形,可同时看出 $R(\boldsymbol{A})$ 和 $R(\boldsymbol{B})$. 若 $R(\boldsymbol{A})\neq R(\boldsymbol{B})$,则方程组无解;

(2) 若 $R(\boldsymbol{A})=R(\boldsymbol{B})=n$,则方程组有唯一解;

(3) 设 $R(\boldsymbol{A})=R(\boldsymbol{B})=r<n$,取行最简形中 r 个非零行的第一个非零元所对应的未知数为非自由未知数,其余 $n-r$ 个则为自由未知数,设为 $c_1,\cdots,c_{n-r}$,写出通解.

n 元齐次线性方程组 $\boldsymbol{Ax}=0$ 有非零解的充分必要条件是系数矩阵 $\boldsymbol{A}$ 的秩 $R(\boldsymbol{A})<n$.

3. 齐次线性方程组相关结论

(1) 方程组仅有零解的充分必要条件是 $R(\boldsymbol{A})=0$;

(2) 方程组有非零解的充分必要条件是 $R(\boldsymbol{A})<n$;

(3) 当齐次线性方程组中未知量的个数大于方程个数时,必有 $R(\boldsymbol{A})<n$,这时齐次线性方程组一定有非零解;

(4) 齐次方程组求解方法:

用矩阵初等行变换将系数矩阵化成行阶梯形矩阵,根据系数矩阵的秩可判断原方程组是否有非零解. 若有非零解,继续将行阶梯形矩阵化为行最简形矩阵,则可求出方程组的全部解(即通解).

二、向量与向量组的线性

1. 向量的概念

n 个有次序的数 $a_1,a_2,\cdots,a_n$ 所组成的数组称为一个 n 维向量，这 n 个数称为该向量的 n 个分量，第 i 个数 a_i 称为该向量的第 i 个分量.

分量均为实数的向量称为实向量，分量均为复数的向量称为复向量.

n 维向量可写成一行

$$(a_1,a_2,\cdots,a_n)$$

也可写成一列

$$\begin{pmatrix} a_1 \\ a_2 \\ \vdots \\ a_n \end{pmatrix}$$

分别称为 n 维行向量和 n 维列向量.

可见，n维行向量和n维列向量也就是行矩阵和列矩阵，因此规定行向量与列向量都按照矩阵的运算规则进行运算.

我们规定：

(1) 分量全为零的向量，称为零向量，记作 $\mathbf{0}$. 即 $\mathbf{0}=(0,0,\cdots,0)$.

注意，维数不同的零向量不相同.

(2) 向量以 $\boldsymbol{\alpha}=(a_1,a_2,\cdots,a_n)$ 各分量的相反数所组成的向量称为 $\boldsymbol{\alpha}$ 的负向量，记作 $-\boldsymbol{\alpha}$. 即

$$-\boldsymbol{\alpha}=(-a_1,-a_2,\cdots,-a_n)$$

(3) 如果 $\boldsymbol{\alpha}=(a_1,a_2,\cdots,a_n)$，$\boldsymbol{\beta}=(b_1,b_2,\cdots,b_n)$，当 $a_i=b_i(i=1,2,\cdots,n)$ 时，则称这两个向量相等. 记作 $\boldsymbol{\alpha}=\boldsymbol{\beta}$.

2. 向量组的概念

若干个同维数的列向量(或同维数的行向量)所组成的集合称为向量组. 例如，一个 $m\times n$ 矩阵的全体列向量是一个含 n 个 m 维列向量的向量组，它的全体行向量是一个含 m 个 n 维行向量的向量组.

3. 向量的线性组合

设有 n 维向量 $\boldsymbol{\beta}$ 与给定向量组 $\mathbf{A}:\boldsymbol{\alpha}_1,\boldsymbol{\alpha}_2,\cdots,\boldsymbol{\alpha}_m$，如果存在一组实数 $k_1,k_2,\cdots,k_m$，使

$$\boldsymbol{\beta}=k_1\boldsymbol{\alpha}_1+k_2\boldsymbol{\alpha}_2+\cdots+k_m\boldsymbol{\alpha}_m$$

称 $\boldsymbol{\beta}$ 为向量组 $\mathbf{A}:\boldsymbol{\alpha}_1,\boldsymbol{\alpha}_2,\cdots,\boldsymbol{\alpha}_m$ 的一个线性组合，$k_1,k_2,\cdots,k_m$ 称为这个线性组合的系数. 或称向量 $\boldsymbol{\beta}$ 能由向量组 $\mathbf{A}:\boldsymbol{\alpha}_1,\boldsymbol{\alpha}_2,\cdots,\boldsymbol{\alpha}_m$ 线性表示.

向量 $\boldsymbol{\beta}$ 能由向量组 $\mathbf{A}:\boldsymbol{\alpha}_1,\boldsymbol{\alpha}_2,\cdots,\boldsymbol{\alpha}_m$ 线性表示的充分必要条件是线性方程组

$$x_1\boldsymbol{\alpha}_1+x_2\boldsymbol{\alpha}_2+\cdots+x_m\boldsymbol{\alpha}_m=\boldsymbol{\beta}$$

即

$$\boldsymbol{A}\boldsymbol{x}=\boldsymbol{\beta}$$

有解. 这里 $\boldsymbol{A}=(\boldsymbol{\alpha}_1,\boldsymbol{\alpha}_2,\cdots,\boldsymbol{\alpha}_m)$.

三、线性相关与线性无关

设有向量组 $\boldsymbol{\alpha}_1,\boldsymbol{\alpha}_2,\cdots,\boldsymbol{\alpha}_m$，如果存在不全为零的数 $k_1,k_2,\cdots,k_m$，使得

$$k_1\boldsymbol{\alpha}_1+k_2\boldsymbol{\alpha}_2+\cdots+k_m\boldsymbol{\alpha}_m=\boldsymbol{0}$$

则称向量组 $\boldsymbol{\alpha}_1,\boldsymbol{\alpha}_2,\cdots,\boldsymbol{\alpha}_m$ 线性相关，否则称向量组 $\boldsymbol{\alpha}_1,\boldsymbol{\alpha}_2,\cdots,\boldsymbol{\alpha}_m$ 线性无关.

请注意：

(1) 单独一个零向量线性相关；

(2) 含有零向量的向量组线性相关；

(3) 单独一个非零向量线性无关；

(4) 含有 2 个向量的向量组 $\boldsymbol{A}:\boldsymbol{\alpha}_1,\boldsymbol{\alpha}_2$ 线性相关的充分必要条件是 $\boldsymbol{\alpha}_1,\boldsymbol{\alpha}_2$ 的分量对应成比例.

四、向量组的秩

1. 向量组的最大无关组

设向量组 $\boldsymbol{A}$，如果在 $\boldsymbol{A}$ 中能选出 r 个向量 $\boldsymbol{\alpha}_1,\boldsymbol{\alpha}_2,\cdots,\boldsymbol{\alpha}_r$，满足

(1) 向量组 $\boldsymbol{A}$ 中 r 个向量 $\boldsymbol{\alpha}_1,\boldsymbol{\alpha}_2,\cdots,\boldsymbol{\alpha}_r$ 线性无关；

(2) 向量组 $\boldsymbol{A}$ 中任意 $r+1$ 个向量（如果 $\boldsymbol{A}$ 中有 $r+1$ 个向量）都线性相关. 那么称向量组 $\boldsymbol{\alpha}_1,\boldsymbol{\alpha}_2,\cdots,\boldsymbol{\alpha}_r$ 是向量组 $\boldsymbol{A}$ 的一个最大线性无关向量组(简称最大无关组).

最大无关组的等价定义：

设向量组 $\boldsymbol{A}$，如果在 $\boldsymbol{A}$ 中能选出 r 个向量 $\boldsymbol{\alpha}_1,\boldsymbol{\alpha}_2,\cdots,\boldsymbol{\alpha}_r$，满足

(1) 向量组 $\boldsymbol{A}$ 中 r 个向量 $\boldsymbol{\alpha}_1,\boldsymbol{\alpha}_2,\cdots,\boldsymbol{\alpha}_r$ 线性无关；

(2) 向量组 $\boldsymbol{A}$ 中任一向量都能由向量组 $\boldsymbol{\alpha}_1,\boldsymbol{\alpha}_2,\cdots,\boldsymbol{\alpha}_r$ 线性表示. 那么称向量组 $\boldsymbol{\alpha}_1,\boldsymbol{\alpha}_2,\cdots,\boldsymbol{\alpha}_r$ 是向量组 $\boldsymbol{A}$ 的一个最大无关组.

请注意：

(1) 只含零向量的向量组没有最大无关组；

(2) 若向量组 $\boldsymbol{A}$ 有最大无关组，则它的最大无关组一般不是唯一的.

2. 向量组的等价性

设有两个向量组 $\boldsymbol{A}:\boldsymbol{\alpha}_1,\boldsymbol{\alpha}_2,\cdots,\boldsymbol{\alpha}_m$ 及 $\boldsymbol{B}:\boldsymbol{\beta}_1,\boldsymbol{\beta}_2,\cdots,\boldsymbol{\beta}_l$，如果 $\boldsymbol{B}$ 中的每个向量都能由向量组 $\boldsymbol{A}$ 线性表示，则称向量组 $\boldsymbol{B}$ 能由向量组 $\boldsymbol{A}$ 线性表示. 如果 $\boldsymbol{A}$ 中的每个向量都能由向量组 $\boldsymbol{B}$ 线性表示，则称向量组 $\boldsymbol{A}$ 能由向量组 $\boldsymbol{B}$ 线性表示. 如果向量组 $\boldsymbol{A}$ 与向量组 $\boldsymbol{B}$ 相互线性表示，则称向量组 $\boldsymbol{A}$ 与向量组 $\boldsymbol{B}$ 等价. 向量组和它的最大无关组是等价的.

3. 向量组的秩

向量组 $\boldsymbol{A}:\boldsymbol{\alpha}_1,\boldsymbol{\alpha}_2,\cdots,\boldsymbol{\alpha}_n$ 的最大无关组所含向量个数称为向量组 $\boldsymbol{A}$ 的秩. 记作 R_A 或 $R(\boldsymbol{\alpha}_1,\boldsymbol{\alpha}_2,\cdots,\boldsymbol{\alpha}_n)$. 如果一个向量组只含零向量，规定它的秩为 0.

等价的向量组有相同的秩.

五、向量空间

1. 向量空间的定义

设 V 是 $\mathbf{R}^n$ 的一个非空子集. 如果

(1) 对任意的 $\boldsymbol{\alpha},\boldsymbol{\beta}\in V$，有 $\boldsymbol{\alpha}+\boldsymbol{\beta}\in V$；

(2) 对任意的 $\boldsymbol{\alpha}\in V$，$\lambda\in\mathbf{R}$，有 $\lambda\boldsymbol{\alpha}\in V$；

则称 V 是一个向量空间.

设有向量空间 V_1 及 V_2，若 $V_1\subset V_2$，则称 V_1 是 V_2 的子空间.

2. 向量空间的基　维数　坐标

设 V 是一个向量空间，若 r 个向量 $\boldsymbol{\alpha}_1,\boldsymbol{\alpha}_2,\cdots,\boldsymbol{\alpha}_r\in V$，且满足

(1) $\boldsymbol{\alpha}_1,\boldsymbol{\alpha}_2,\cdots,\boldsymbol{\alpha}_r$ 线性无关；

(2) V 中任一向量都可由 $\boldsymbol{\alpha}_1,\boldsymbol{\alpha}_2,\cdots,\boldsymbol{\alpha}_r$ 线性表示；

则称向量组 $\boldsymbol{\alpha}_1,\boldsymbol{\alpha}_2,\cdots,\boldsymbol{\alpha}_r$ 是向量空间 V 的一个基，r 称为向量空间 V 的维数，并称 V 是 r 维向量空间.

请注意：

(1) 若 $V=\{\mathbf{0}\}$，则向量空间 V 没有基，它的维数是 0；

(2) 若将向量空间 V 看作向量组，则由最大无关组的等价定义知，V 的基就是向量组的最大无关组，V 的维数就是向量组的秩.

设 V 是 r 维向量空间，$\boldsymbol{\alpha}_1,\boldsymbol{\alpha}_2,\cdots,\boldsymbol{\alpha}_r$ 是 V 的一个基，V 中任意向量 $\boldsymbol{\alpha}$ 可由 $\boldsymbol{\alpha}_1,\boldsymbol{\alpha}_2,\cdots,\boldsymbol{\alpha}_r$ 唯一地线性表示为

$$\boldsymbol{\alpha}=\lambda_1\boldsymbol{\alpha}_1+\lambda_2\boldsymbol{\alpha}_2+\cdots+\lambda_r\boldsymbol{\alpha}_r$$

数组 $\lambda_1,\lambda_2,\cdots,\lambda_r$ 称为向量 $\boldsymbol{\alpha}$ 在基 $\boldsymbol{\alpha}_1,\boldsymbol{\alpha}_2,\cdots,\boldsymbol{\alpha}_r$ 中的坐标.

3. 定理与公式

(1) 向量 $\boldsymbol{\beta}$ 能由向量组 $\boldsymbol{A}:\boldsymbol{\alpha}_1,\boldsymbol{\alpha}_2,\cdots,\boldsymbol{\alpha}_m$ 线性表示的充分必要条件是矩阵 $\boldsymbol{A}=(\boldsymbol{\alpha}_1,\boldsymbol{\alpha}_2,\cdots,\boldsymbol{\alpha}_m)$ 的秩等于矩阵 $\boldsymbol{B}=(\boldsymbol{\alpha}_1,\boldsymbol{\alpha}_2,\cdots,\boldsymbol{\alpha}_m,\boldsymbol{\beta})$ 的秩.

(2) 向量组 $\boldsymbol{B}:\boldsymbol{\beta}_1,\boldsymbol{\beta}_2,\cdots,\boldsymbol{\beta}_l$ 能由向量组 $\boldsymbol{A}:\boldsymbol{\alpha}_1,\boldsymbol{\alpha}_2,\cdots,\boldsymbol{\alpha}_m$ 线性表示的充分必要条件是 $R(\boldsymbol{A})=R(\boldsymbol{A},\boldsymbol{B})$.

(3) 向量组 $\boldsymbol{A}:\boldsymbol{\alpha}_1,\boldsymbol{\alpha}_2,\cdots,\boldsymbol{\alpha}_m$ 与向量组 $\boldsymbol{B}:\boldsymbol{\beta}_1,\boldsymbol{\beta}_2,\cdots,\boldsymbol{\beta}_l$ 等价的充分必要条件是 $R(\boldsymbol{A})=R(\boldsymbol{B})=R(\boldsymbol{A},\boldsymbol{B})$.

(4) 向量组 $\boldsymbol{B}:\boldsymbol{\beta}_1,\boldsymbol{\beta}_2,\cdots,\boldsymbol{\beta}_l$ 能由向量组 $\boldsymbol{A}:\boldsymbol{\alpha}_1,\boldsymbol{\alpha}_2,\cdots,\boldsymbol{\alpha}_m$ 线性表示，则 $R(\boldsymbol{B})\leqslant R(\boldsymbol{A})$.

(5) 向量组 $\boldsymbol{A}:\boldsymbol{\alpha}_1,\boldsymbol{\alpha}_2,\cdots,\boldsymbol{\alpha}_m\,(m\geqslant 2)$ 线性相关的充分必要条件是在向量组 $\boldsymbol{A}$ 中至少有一个向量能由其余 $m-1$ 个向量线性表示.

(6) 向量组 $\boldsymbol{A}:\boldsymbol{\alpha}_1,\boldsymbol{\alpha}_2,\cdots,\boldsymbol{\alpha}_m$ 线性相关的充分必要条件是齐次线性方程组

$$x_1\boldsymbol{\alpha}_1+x_2\boldsymbol{\alpha}_2+\cdots+x_m\boldsymbol{\alpha}_m=\mathbf{0}$$

即

$$\boldsymbol{A}\boldsymbol{x}=\mathbf{0}$$

有非零解. 这里$\boldsymbol{A}=(\boldsymbol{\alpha}_1,\boldsymbol{\alpha}_2,\cdots,\boldsymbol{\alpha}_m)$, $\boldsymbol{x}=(x_1,x_2,\cdots,x_m)^{\mathrm{T}}$.

(7) 若向量组 $\boldsymbol{A}$ 有一个部分组线性相关，则向量组 $\boldsymbol{A}$ 线性相关.

(8)m 个 $n(n<m)$ 维向量组成的向量组一定线性相关.

(9) 设向量组 $\boldsymbol{A}:\boldsymbol{\alpha}_1,\boldsymbol{\alpha}_2,\cdots,\boldsymbol{\alpha}_m$ 线性无关，而向量组 $\boldsymbol{B}:\boldsymbol{\alpha}_1,\boldsymbol{\alpha}_2,\cdots,\boldsymbol{\alpha}_m,\boldsymbol{\beta}$ 线性相关，则向量 $\boldsymbol{\beta}$ 一定能由向量组 $\boldsymbol{A}:\boldsymbol{\alpha}_1,\boldsymbol{\alpha}_2,\cdots,\boldsymbol{\alpha}_m$ 线性表示，且表示式是唯一的.

(10) 矩阵的秩等于它的列向量组的秩，也等于它的行向量组的秩.

若 D_r 是矩阵 $\boldsymbol{A}$ 的一个最高阶的非零子式，则 D_r 所在的 r 列是 $\boldsymbol{A}$ 的列向量组的一个最大无关组，D_r 所在的 r 行是 $\boldsymbol{A}$ 的行向量组的一个最大无关组.

六、线性方程组解的结构

1. 线性方程组解的性质

(1) 若 $\boldsymbol{x}=\boldsymbol{\xi}_1$，$\boldsymbol{x}=\boldsymbol{\xi}_2$ 是齐次线性方程组 $\boldsymbol{Ax}=\boldsymbol{0}$ 的解，则 $\boldsymbol{x}=\boldsymbol{\xi}_1+\boldsymbol{\xi}_2$ 也是它的解.

(2) 若 $\boldsymbol{x}=\boldsymbol{\xi}$ 是齐次线性方程组 $\boldsymbol{Ax}=\boldsymbol{0}$ 的解，$k\in\mathbf{R}$，则 $\boldsymbol{x}=k\boldsymbol{\xi}$ 也是它的解.

(3) 若 $\boldsymbol{x}=\boldsymbol{\eta}_1$，$\boldsymbol{x}=\boldsymbol{\eta}_2$ 是非齐次线性方程组 $\boldsymbol{Ax}=\boldsymbol{\beta}$ 的解，则 $\boldsymbol{x}=\boldsymbol{\eta}_1-\boldsymbol{\eta}_2$ 是与之对应的齐次线性方程组 $\boldsymbol{Ax}=\boldsymbol{0}$ 的解.

(4) 若 $\boldsymbol{x}=\eta$ 是非齐次线性方程组 $\boldsymbol{Ax}=\boldsymbol{\beta}$ 的一个解，$\boldsymbol{x}=\boldsymbol{\xi}$ 是齐次线性方程组 $\boldsymbol{Ax}=\boldsymbol{0}$ 的解，则 $\boldsymbol{x}=\boldsymbol{\xi}+\boldsymbol{\eta}$ 是 $\boldsymbol{Ax}=\boldsymbol{\beta}$ 的解.

2. 线性方程组的解的结构

(1) 如果齐次线性方程组 $\boldsymbol{Ax}=\boldsymbol{0}$ 系数矩阵 $\boldsymbol{A}$ 的秩 $R(\boldsymbol{A})=r<n$，则 $\boldsymbol{Ax}=\boldsymbol{0}$ 的解空间 S 的维数为 $n-r$(或 $\boldsymbol{Ax}=\boldsymbol{0}$ 的基础解系存在，且基础解系含有 $n-r$ 个解向量).

(2) 如果 $\boldsymbol{\eta}^*$ 是非齐次线性方程组 $\boldsymbol{Ax}=\boldsymbol{\beta}$ 的一个解向量(也称特解)，那么 $\boldsymbol{Ax}=\boldsymbol{\beta}$ 的通解可以写成 $\boldsymbol{\eta}=\boldsymbol{\eta}^*+\boldsymbol{\xi}$. 其中 $\boldsymbol{\xi}$ 是与之对应的齐次线性方程组 $\boldsymbol{Ax}=\boldsymbol{0}$ 的通解.

3.2 典型题精解

一、讨论向量组的线性相关性

讨论向量组的线性相关性，主要方法有

1. 利用定义讨论　一般步骤为：假设有 $k_1,k_2,\cdots,k_s$ 使得

$$k_1\boldsymbol{\alpha}_1+k_2\boldsymbol{\alpha}_2+\cdots+k_s\boldsymbol{\alpha}_s=\boldsymbol{0}$$

成立，根据已知条件推断，若 $k_1,k_2,\cdots,k_s$ 至少有一个不为零，则 $\boldsymbol{\alpha}_1,\boldsymbol{\alpha}_2,\cdots,\boldsymbol{\alpha}_s$ 线性相关；若当且仅当 $k_1,k_2,\cdots,k_s$ 全为零上式才成立，则 $\boldsymbol{\alpha}_1,\boldsymbol{\alpha}_2,\cdots,\boldsymbol{\alpha}_s$ 线性无关.

2. 采用反证法讨论　反证法是讨论向量组线性相关性的重要方法.

3. 结合矩阵的秩进行讨论　特别是当向量的个数与维数相等时可根据行列式的值进行判别.

4. 利用向量组的等价性进行讨论.

例 1　设向量组 $\boldsymbol{\alpha}_1=(1,1,1)^{\mathrm{T}}$，$\boldsymbol{\alpha}_2=(1,2,3)^{\mathrm{T}}$，$\boldsymbol{\alpha}_3=(1,3,t)^{\mathrm{T}}$ 线性无关，

(1) 问常数 t 满足什么条件时，向量组 $\boldsymbol{\alpha}_1,\boldsymbol{\alpha}_2,\boldsymbol{\alpha}_3$ 线性相关？

(2) 问常数 t 满足什么条件时，向量组 $\boldsymbol{\alpha}_1,\boldsymbol{\alpha}_2,\boldsymbol{\alpha}_3$ 线性无关？

解　方法一　利用定义讨论

设有数 k_1,k_2,k_3 使得

$$k_1\boldsymbol{\alpha}_1+k_2\boldsymbol{\alpha}_2+k_3\boldsymbol{\alpha}_3=\boldsymbol{0}$$

即为

$$\begin{cases}\boldsymbol{\alpha}_1+\boldsymbol{\alpha}_2+\boldsymbol{\alpha}_3=\boldsymbol{0}\\ \boldsymbol{\alpha}_1+2\boldsymbol{\alpha}_2+3\boldsymbol{\alpha}_3=\boldsymbol{0}\\ \boldsymbol{\alpha}_1+3\boldsymbol{\alpha}_2+t\boldsymbol{\alpha}_3=\boldsymbol{0}\end{cases}$$

此齐次线性方程组的系数行列式

$$\begin{vmatrix}1&1&1\\1&2&3\\1&3&t\end{vmatrix}=t-5$$

故当 $t=5$ 时，方程组有非零解，向量组 $\boldsymbol{\alpha}_1,\boldsymbol{\alpha}_2,\boldsymbol{\alpha}_3$ 线性相关；当 $t\neq 5$ 时，方程组只有零解，向量组 $\boldsymbol{\alpha}_1,\boldsymbol{\alpha}_2,\boldsymbol{\alpha}_3$ 线性无关.

方法二　结合矩阵的秩进行讨论

记 $\boldsymbol{A}=(\boldsymbol{\alpha}_1,\boldsymbol{\alpha}_2,\boldsymbol{\alpha}_3)$，则 $|\boldsymbol{A}|=\begin{vmatrix}1&1&1\\1&2&3\\1&3&t\end{vmatrix}=t-5$.

当 $t=5$ 时，$|\boldsymbol{A}|=0$，$R(\boldsymbol{A})<3$，向量组 $\boldsymbol{\alpha}_1,\boldsymbol{\alpha}_2,\boldsymbol{\alpha}_3$ 线性相关；当 $t\neq 5$ 时，$|\boldsymbol{A}|\neq 0$，$R(\boldsymbol{A})=3$，向量组 $\boldsymbol{\alpha}_1,\boldsymbol{\alpha}_2,\boldsymbol{\alpha}_3$ 线性无关.

二、向量组的秩

(1) 利用向量组秩的定义讨论.

(2) 转化为矩阵的秩进行讨论.

(3) 利用等价向量组具有相同的秩进行讨论.

例 2　设向量组 $\boldsymbol{A}:\boldsymbol{\alpha}_1,\boldsymbol{\alpha}_2,\cdots,\boldsymbol{\alpha}_m$ 的秩为 $r\,(r>1)$，证明向量组 $\boldsymbol{B}$：

$\boldsymbol{\beta}_1=\boldsymbol{\alpha}_2+\boldsymbol{\alpha}_3+\cdots+\boldsymbol{\alpha}_m$，　$\boldsymbol{\beta}_2=\boldsymbol{\alpha}_1+\boldsymbol{\alpha}_3+\cdots+\boldsymbol{\alpha}_m$，　$\boldsymbol{\beta}_m=\boldsymbol{\alpha}_1+\boldsymbol{\alpha}_2+\cdots+\boldsymbol{\alpha}_{m-1}$

的秩也为 r.

证　记 $\boldsymbol{A}=(\boldsymbol{\alpha}_1,\boldsymbol{\alpha}_2,\cdots,\boldsymbol{\alpha}_m)$，$\boldsymbol{B}=(\boldsymbol{\beta}_1,\boldsymbol{\beta}_2,\cdots,\boldsymbol{\beta}_m)$.

由题设知

$$\boldsymbol{B}=\boldsymbol{A}\boldsymbol{K}$$

其中 $\boldsymbol{K}=\begin{pmatrix}0&1&1&\cdots&1\\1&0&1&\cdots&1\\1&1&0&\cdots&1\\\vdots&\vdots&\vdots&&\vdots\\1&1&1&\cdots&0\end{pmatrix}$，因为 $|\boldsymbol{K}|\neq 0$，所以 $\boldsymbol{K}$ 是可逆矩阵. 于是

$$A = BK^{-1}$$

综上，向量组 $\boldsymbol{A}$ 与 $\boldsymbol{B}$ 是等价的向量组. 故

$$R_B = R_A = r$$

三、线性方程组求解问题

例 3 求解 $\boldsymbol{Ax}=\boldsymbol{b}$, $\boldsymbol{A}=\begin{pmatrix}1&2&3&4\\2&4&4&6\\-1&-2&-1&-2\end{pmatrix}$, $\boldsymbol{b}=\begin{pmatrix}5\\8\\-3\end{pmatrix}$.

解 $$\widetilde{\boldsymbol{A}}=\left(\begin{array}{cccc:c}1&2&3&4&5\\2&4&4&6&8\\-1&-2&-1&-2&-3\end{array}\right)\xrightarrow[r_3+r_1]{r_2-2r_1}\left(\begin{array}{cccc:c}1&2&3&4&5\\0&0&-2&-2&-2\\0&0&2&2&2\end{array}\right)$$

$$\xrightarrow[r_3-2r_2]{-\frac{1}{2}r_2}\left(\begin{array}{cccc:c}1&2&3&4&5\\0&0&1&1&1\\0&0&0&0&0\end{array}\right)\xrightarrow{r_1-r_2}\left(\begin{array}{cccc:c}1&2&0&1&2\\0&0&1&1&1\\0&0&0&0&0\end{array}\right).$$

$\operatorname{rank}\widetilde{\boldsymbol{A}}=\operatorname{rank}\boldsymbol{A}=2<4\Rightarrow\boldsymbol{Ax}=\boldsymbol{b}$ 有无穷多解.

同解方程组：

$$\begin{cases}x_1=2-2x_2-x_4\\x_3=1-x_4\end{cases}$$

一般解：

$$\begin{cases}x_1=2-2k_1-k_2\\x_2=k_1\\x_3=1-k_2\\x_4=k_2\end{cases}\quad(k_1,k_2\text{ 为任意常数})$$

例 4 求解 $\boldsymbol{Ax}=\boldsymbol{b}$, $\boldsymbol{A}=\begin{pmatrix}\lambda&1&1&1\\1&\lambda&1&1\\1&1&\lambda&1\end{pmatrix}$, $\boldsymbol{b}=\begin{pmatrix}1\\\lambda\\\lambda^2\end{pmatrix}$.

解 $$\widetilde{\boldsymbol{A}}=\left(\begin{array}{cccc:c}\lambda&1&1&1&1\\1&\lambda&1&1&\lambda\\1&1&\lambda&1&\lambda^2\end{array}\right)\xrightarrow{\text{行}}\left(\begin{array}{cccc:c}\lambda&1&1&1&1\\1-\lambda&\lambda-1&0&0&\lambda-1\\1-\lambda&0&\lambda-1&0&\lambda^2-1\end{array}\right)$$

$$\xrightarrow[\lambda\neq1]{\text{行}}\left(\begin{array}{cccc:c}\lambda&1&1&1&1\\-1&1&0&0&1\\-1&0&1&0&\lambda+1\end{array}\right)\xrightarrow{\text{行}}\left(\begin{array}{cccc:c}\lambda+2&0&0&1&-(\lambda+1)\\-1&0&1&0&\lambda+1\\-1&1&0&0&1\end{array}\right)$$

(1)$\lambda\neq1$

同解方程组：

$$\begin{cases} x_2 = 1 + x_1 \\ x_3 = (\lambda + 1) + x_1 \\ x_4 = -(\lambda + 1) - (\lambda + 2)x_1 \end{cases}$$

一般解：

$$\begin{cases} x_1 = k \\ x_2 = 1 + k \\ x_3 = (\lambda + 1) + k \\ x_4 = -(\lambda + 1) - (\lambda + 2)k \end{cases} \quad (k \text{ 为任意常数})$$

(2)$\lambda = 1$

同解方程组：$x_1 = 1 - (x_2 + x_3 + x_4)$

一般解：

$$\begin{cases} x_1 = 1 - k_1 - k_2 - k_3 \\ x_2 = k_1 \\ x_3 = k_2 \\ x_4 = k_3 \end{cases} \quad (k_1, k_2, k_3 \text{ 为任意常数})$$

例 5　讨论方程组 $\boldsymbol{Ax} = \boldsymbol{b}$ 何时有唯一解，无穷多解，无解？

$$\boldsymbol{A} = \begin{pmatrix} 1 & \lambda & 1 \\ 1 & 2\lambda & 1 \\ \mu & 1 & 1 \end{pmatrix}, \quad \boldsymbol{b} = \begin{pmatrix} 3 \\ 4 \\ 4 \end{pmatrix}$$

解　计算可得 $\det \boldsymbol{A} = \lambda(1 - \mu)$

(1)$\lambda \neq 0$ 且 $\mu \neq 1$：根据 Cramer 法则，方程组有唯一解.

(2)$\lambda = 0$：

$$\widetilde{\boldsymbol{A}} = \left(\begin{array}{ccc:c} 1 & 0 & 1 & 3 \\ 1 & 0 & 1 & 4 \\ \mu & 1 & 1 & 4 \end{array}\right) \xrightarrow{\text{行}} \left(\begin{array}{ccc:c} 1 & 0 & 1 & 3 \\ 0 & 0 & 0 & 1 \\ 0 & 1 & 1-\mu & 4-3\mu \end{array}\right) \xrightarrow{\text{行}} \left(\begin{array}{ccc:c} 1 & 0 & 1 & 3 \\ 0 & 1 & 1-\mu & 4-3\mu \\ 0 & 0 & 0 & 1 \end{array}\right)$$

$\operatorname{rank} \boldsymbol{A} = 2$，$\operatorname{rank} \widetilde{\boldsymbol{A}} = 3$，故方程组无解.

(3)$\mu = 1$ 且 $\lambda \neq 0$：

$$\widetilde{\boldsymbol{A}} = \left(\begin{array}{ccc:c} 1 & \lambda & 1 & 3 \\ 1 & 2\lambda & 1 & 4 \\ 1 & 1 & 1 & 4 \end{array}\right) \xrightarrow{\text{行}} \left(\begin{array}{ccc:c} 1 & \lambda & 1 & 3 \\ 0 & \lambda & 0 & 1 \\ 1 & 1 & 1 & 4 \end{array}\right) \xrightarrow{\text{行}} \left(\begin{array}{ccc:c} 1 & 0 & 1 & 2 \\ 0 & \lambda & 0 & 1 \\ 1 & 1 & 1 & 4 \end{array}\right)$$

$$\xrightarrow{\text{行}} \left(\begin{array}{ccc:c} 1 & 0 & 1 & 2 \\ 0 & 1 & 0 & 1/\lambda \\ 1 & 1 & 1 & 4 \end{array}\right) \xrightarrow{\text{行}} \left(\begin{array}{ccc:c} 1 & 0 & 1 & 2 \\ 0 & 1 & 0 & 1/\lambda \\ 0 & 0 & 0 & 2-1/\lambda \end{array}\right)$$

$\lambda \neq \dfrac{1}{2}$ 时，$\operatorname{rank} \widetilde{\boldsymbol{A}} = 3$，$\operatorname{rank} \boldsymbol{A} = 2$，故方程组无解.

$\lambda=\frac{1}{2}$ 时，$\operatorname{rank}\widetilde{\boldsymbol{A}}=\operatorname{rank}\boldsymbol{A}=2<3$，故方程组有无穷多解.

例 6 当 λ 取何值时，线性方程组

$$\begin{cases}(1+\lambda)x_1+x_2+x_3=0\\ x_1+(1+\lambda)x_2+x_3=\lambda\\ x_1+x_2+(1+\lambda)x_3=\lambda^2\end{cases}$$

无解？ 有唯一解？有无穷多解？ 在方程组有无穷多解时，求出其通解.

解 对增广矩阵 $\boldsymbol{B}=(\boldsymbol{A},\boldsymbol{\beta})$ 施行初等行变换：

$$\boldsymbol{B}=(\boldsymbol{A},\boldsymbol{\beta})=\begin{pmatrix}1+\lambda & 1 & 1 & 0\\ 1 & 1+\lambda & 1 & \lambda\\ 1 & 1 & 1+\lambda & \lambda^2\end{pmatrix}\xrightarrow{r_1\leftrightarrow r_3}\begin{pmatrix}1 & 1 & 1+\lambda & \lambda^2\\ 1 & 1+\lambda & 1 & \lambda\\ 1+\lambda & 1 & 1 & 0\end{pmatrix}$$

$$\xrightarrow[r_3-(1+\lambda)r_1]{r_2-r_1}\begin{pmatrix}1 & 1 & 1+\lambda & \lambda^2\\ 0 & \lambda & -\lambda & \lambda-\lambda^2\\ 0 & -\lambda & -\lambda^2-2\lambda & -\lambda^2(1+\lambda)\end{pmatrix}$$

$$\xrightarrow{r_3+r_2}\begin{pmatrix}1 & 1 & 1+\lambda & \lambda^2\\ 0 & \lambda & -\lambda & \lambda-\lambda^2\\ 0 & 0 & -\lambda(\lambda+3) & \lambda(1-2\lambda-\lambda^2)\end{pmatrix}$$

当 $\lambda=-3$ 时，$\boldsymbol{B}\xrightarrow{r}\begin{pmatrix}1 & 1 & -2 & 9\\ 0 & 1 & -1 & 4\\ 0 & 0 & 0 & 1\end{pmatrix}$，$R(\boldsymbol{A})=2<R(\boldsymbol{B})=3$,方程组无解.

当 $\lambda\neq 0$ 且 $\lambda\neq-3$ 时，$R(\boldsymbol{A})=R(\boldsymbol{B})=3$，方程组有唯一解.

当 $\lambda=0$ 时，$\boldsymbol{B}\xrightarrow{r}\begin{pmatrix}1 & 1 & 1 & 0\\ 0 & 0 & 0 & 0\\ 0 & 0 & 0 & 0\end{pmatrix}$，方程组有无穷多解，其通解为

$$\boldsymbol{x}=k_1\boldsymbol{\xi}_1+k_2\boldsymbol{\xi}_2 \quad (k_1,k_2 \text{ 为任意实数})$$

其中,$\boldsymbol{\xi}_1=(-1,1,0)^{\mathrm{T}}$,$\boldsymbol{\xi}_2=(-1,0,1)^{\mathrm{T}}$.

3.3 教材习题同步解析

习题 3.1 答案

1. 判断非齐次线性方程组 $\begin{cases}x_1-2x_2+3x_3-x_4=2\\ 3x_1-x_2+5x_3-3x_4=6\\ 2x_1+x_2+2x_3-2x_4=8\\ 5x_2-4x_3+5x_4=7\end{cases}$ 是否有解？

解　用初等行变换化其增广矩阵

$$B=\begin{pmatrix}1&-2&3&-1&2\\3&-1&5&-3&6\\2&1&2&-2&8\\0&5&-4&5&7\end{pmatrix}\sim\begin{pmatrix}1&-2&3&-1&2\\0&5&-4&0&0\\0&5&-4&0&4\\0&5&-4&5&7\end{pmatrix}\sim\begin{pmatrix}1&-2&3&-1&2\\0&5&-4&0&0\\0&0&0&5&7\\0&0&0&0&4\end{pmatrix}$$

由此可知,$R(\boldsymbol{A})=3$，$R(\boldsymbol{B})=4$，即 $R(\boldsymbol{A})\neq R(\boldsymbol{B})$,因此方程组无解.

2. a, b 取何值时,非齐次线性方程组

$$\begin{cases}x_1+x_2+x_3+x_4=1\\x_2-x_3+2x_4=1\\2x_1+3x_2+(a+2)x_3+4x_4=b+3\\3x_1+5x_2+x_3+(a+8)x_4=5\end{cases}$$

(1) 有唯一解;(2) 无解;(3) 有无穷多个解?

解　用初等行变换把增广矩阵化为行阶梯形矩阵

$$B=\begin{pmatrix}1&1&1&1&1\\0&1&-1&2&1\\2&3&a+2&4&b+3\\3&5&1&a+8&5\end{pmatrix}\sim\begin{pmatrix}1&1&1&1&1\\0&1&-1&2&1\\0&1&a&2&b+1\\0&2&-2&a+5&2\end{pmatrix}\sim$$

$$\begin{pmatrix}1&1&1&1&1\\0&1&-1&2&1\\0&0&a+1&0&b\\0&0&0&a+1&0\end{pmatrix}$$

由此可知:

(1) 当 $a\neq-1$ 时,$R(\boldsymbol{A})=R(\boldsymbol{B})=4$ ，方程组有唯一解;

(2) 当 $a=-1$,$b\neq 0$ 时,$R(\boldsymbol{A})=2$ ，而 $R(\boldsymbol{B})=3$，方程组无解;

(3) 当 $a=-1$,$b=0$ 时,$R(\boldsymbol{A})=R(\boldsymbol{B})=2$，方程组有无穷多个解.

3. 三元齐次线性方程组$\begin{cases}x_1-x_2+5x_3=0\\x_1+x_2-2x_3=0\\3x_1-x_2+8x_3=0\\x_1+3x_2-9x_3=0\end{cases}$是否有非零解?

解　由 $$A=\begin{pmatrix}1&-1&5\\1&1&-2\\3&-1&8\\1&3&-9\end{pmatrix}\sim\begin{pmatrix}1&-1&5\\0&2&-7\\0&2&-7\\0&4&-14\end{pmatrix}\sim\begin{pmatrix}1&-1&5\\0&2&-7\\0&0&0\\0&0&0\end{pmatrix}$$

可知 $R(\boldsymbol{A})=2$. 因为 $R(\boldsymbol{A})=2<3$,所以此齐次线性方程组有非零解.

4. 当 λ 取何值时，齐次线性方程组 $\begin{cases}3x_1+x_2-x_3=0\\3x_1+2x_2+3x_3=0\\x_2+\lambda x_3=0\end{cases}$ 有非零解？

解 用初等行变换化系数矩阵

$$A=\begin{pmatrix}3&1&-1\\3&2&3\\0&1&\lambda\end{pmatrix}\sim\begin{pmatrix}3&1&-1\\0&1&4\\0&1&\lambda\end{pmatrix}\sim\begin{pmatrix}3&1&-1\\0&1&4\\0&0&\lambda-4\end{pmatrix}$$

可知，当 $\lambda=4$ 时，$R(A)=2<3$. 所以，当 $\lambda=4$ 时，此齐次线性方程组有非零解.

5. 求解下列非齐次线性方程组：

(1) $\begin{cases}2x_1+x_2+x_3=2\\x_1+3x_2+x_3=5\\x_1+x_2+5x_3=-7\\2x_1+3x_2-3x_3=14\end{cases}$；

(2) $\begin{cases}x_1+3x_2-3x_3=2\\3x_1-x_2+2x_3=3\\4x_1+2x_2-x_3=2\end{cases}$；

(3) $\begin{cases}x_1-x_2-x_3-3x_4=-2\\x_1-x_2+x_3+5x_4=4\\-4x_1+4x_2+x_3=-1\end{cases}$.

解

$$(1)\bar{A}=\begin{pmatrix}2&1&1&2\\1&3&1&5\\1&1&5&-7\\2&3&-3&14\end{pmatrix}\xrightarrow{r_1\leftrightarrow r_2}\begin{pmatrix}1&3&1&5\\2&1&1&2\\1&1&5&-7\\2&3&-3&14\end{pmatrix}\xrightarrow[\substack{r_3-r_1\\r_4-2r_1}]{r_2-2r_1}\begin{pmatrix}1&3&1&5\\0&-5&-1&-8\\0&-2&4&-12\\0&-3&-5&4\end{pmatrix}$$

$$\xrightarrow[r_2\leftrightarrow r_3]{(-\frac{1}{2})\times r_3}\begin{pmatrix}1&3&1&5\\0&1&-2&6\\0&-5&-1&-8\\0&-3&-5&4\end{pmatrix}\xrightarrow[r_4+3r_2]{r_3+5r_2}\begin{pmatrix}1&3&1&5\\0&1&-2&6\\0&0&-11&22\\0&0&-11&22\end{pmatrix}$$

$$\xrightarrow[(-\frac{1}{11})\times r_3]{r_4-r_3}\begin{pmatrix}1&3&1&5\\0&1&-2&6\\0&0&1&-2\\0&0&0&0\end{pmatrix}$$

$$\xrightarrow[r_1 - r_3]{r_2 + 2r_3} \begin{pmatrix} 1 & 3 & 0 & 7 \\ 0 & 1 & 0 & 2 \\ 0 & 0 & 1 & -2 \\ 0 & 0 & 0 & 0 \end{pmatrix} \xrightarrow{r_1 - 3r_2} \begin{pmatrix} 1 & 0 & 0 & 1 \\ 0 & 1 & 0 & 2 \\ 0 & 0 & 1 & -2 \\ 0 & 0 & 0 & 0 \end{pmatrix}$$

可得 $R(\boldsymbol{A}) = R(\overline{\boldsymbol{A}}) = 3$，而 $n = 3$，故方程组有解，且解唯一：$x_1 = 1, x_2 = 2, x_3 = -2$.

(2)$$\overline{A} = \begin{pmatrix} 1 & 3 & -3 & 2 \\ 3 & -1 & 2 & 3 \\ 4 & 2 & -1 & 2 \end{pmatrix} \xrightarrow[r_3 - 4r_1]{r_2 - 3r_1} \begin{pmatrix} 1 & 3 & -3 & 2 \\ 0 & -10 & 8 & -3 \\ 0 & -10 & 8 & -4 \end{pmatrix} \xrightarrow{r_3 - r_2}$$

$$\begin{pmatrix} 1 & 3 & -3 & 2 \\ 0 & -10 & 8 & -3 \\ 0 & 0 & 0 & -1 \end{pmatrix}$$

可得 $R(\boldsymbol{A}) = 2, R(\overline{\boldsymbol{A}}) = 3$，故方程组无解.

(3)$$\overline{\boldsymbol{A}} = \begin{pmatrix} 1 & -1 & -1 & -3 & -2 \\ 1 & -1 & 1 & 5 & 4 \\ -4 & 4 & 1 & 0 & -1 \end{pmatrix} \xrightarrow[r_3 + 4r_1]{r_2 - r_1} \begin{pmatrix} 1 & -1 & -1 & -3 & -2 \\ 0 & 0 & 2 & 8 & 6 \\ 0 & 0 & -3 & -12 & -9 \end{pmatrix}$$

$$\xrightarrow{\frac{1}{2} \times r_2} \begin{pmatrix} 1 & -1 & -1 & -3 & -2 \\ 0 & 0 & 1 & 4 & 3 \\ 0 & 0 & -3 & -12 & -9 \end{pmatrix} \xrightarrow[r_3 + 3r_2]{r_1 + r_2} \begin{pmatrix} 1 & -1 & 0 & 1 & 1 \\ 0 & 0 & 1 & 4 & 3 \\ 0 & 0 & 0 & 0 & 0 \end{pmatrix}$$

可得 $R(\boldsymbol{A}) = R(\overline{\boldsymbol{A}}) = 2$，而 $n = 4$，故方程组有无穷多解，通解中含有 $4 - 2 = 2$ 个任意常数.

与原方程组同解的方程组为

$$\begin{cases} x_1 - x_2 + x_4 = 1 \\ x_3 + 4x_4 = 3 \end{cases}$$

取 x_2, x_4 为自由未知量(一般取行最简形矩阵非零行的第一个非零元对应的未知量为非自由的)，令 $x_2 = c_1, x_4 = c_2$，则方程组的全部解(通解) 为

$$\begin{cases} x_1 = 1 + c_1 - c_2 \\ x_2 = c_1 \\ x_3 = 3 - 4c_2 \\ x_4 = c_2 \end{cases} \quad (c_1, c_2 \text{ 为任意常数})$$

或写成(向量) 形式 $\begin{pmatrix} x_1 \\ x_2 \\ x_3 \\ x_4 \end{pmatrix} = \begin{pmatrix} 1 \\ 0 \\ 3 \\ 0 \end{pmatrix} + c_1 \begin{pmatrix} 1 \\ 1 \\ 0 \\ 0 \end{pmatrix} + c_2 \begin{pmatrix} -1 \\ 0 \\ -4 \\ 1 \end{pmatrix}$ (c_1, c_2 为任意常数).

习题 3.2 答案

1. 设 $\boldsymbol{\alpha} = (2, 0, -1, 3)^{\mathrm{T}}, \boldsymbol{\beta} = (1, 7, 4, -2)^{\mathrm{T}}, \boldsymbol{\gamma} = (0, 1, 0, 1)^{\mathrm{T}}$

(1) 求 $2\boldsymbol{\alpha}+\boldsymbol{\beta}-3\boldsymbol{\gamma}$；

(2) 若有 $\boldsymbol{x}$，满足 $3\boldsymbol{\alpha}-\boldsymbol{\beta}+5\boldsymbol{\gamma}+2\boldsymbol{x}=\boldsymbol{0}$，求 $\boldsymbol{x}$.

解

(1) $2\boldsymbol{\alpha}+\boldsymbol{\beta}-3\boldsymbol{\gamma}=2(2,0,-1,3)^{\mathrm{T}}+(1,7,4,-2)^{\mathrm{T}}-3(0,1,0,1)^{\mathrm{T}}=(5,4,2,1)^{\mathrm{T}}$

(2) 由 $3\boldsymbol{\alpha}-\boldsymbol{\beta}+5\boldsymbol{\gamma}+2\boldsymbol{x}=\boldsymbol{0}$，得

$$\begin{aligned}\boldsymbol{x}&=\frac{1}{2}(-3\boldsymbol{\alpha}+\boldsymbol{\beta}-5\boldsymbol{\gamma})\\&=\frac{1}{2}[-3(2,0,-1,3)^{\mathrm{T}}+(1,7,4,-2)^{\mathrm{T}}-5(0,1,0,1)^{\mathrm{T}}]\\&=\left(-\frac{5}{2},1,\frac{7}{2},-8\right)^{\mathrm{T}}\end{aligned}$$

2. 判断向量 $\boldsymbol{\beta}=(4,3,-1,11)^{\mathrm{T}}$ 是否为向量组 $\boldsymbol{\alpha}_1=(1,2,-1,5)^{\mathrm{T}},\boldsymbol{\alpha}_2=(2,-1,1,1)^{\mathrm{T}}$ 的线性组合，若是，写出表示式.

解 设 $k_1\boldsymbol{\alpha}_1+k_2\boldsymbol{\alpha}_2=\boldsymbol{\beta}$，对矩阵$(\boldsymbol{\alpha}_1\quad\boldsymbol{\alpha}_2\quad\boldsymbol{\beta})$施以初等行变换：

$$\begin{pmatrix}1&2&4\\2&-1&3\\-1&1&-1\\5&1&11\end{pmatrix}\to\begin{pmatrix}1&2&4\\0&-5&-5\\0&3&3\\0&-9&-9\end{pmatrix}\to\begin{pmatrix}1&2&4\\0&1&1\\0&0&0\\0&0&0\end{pmatrix}\to\begin{pmatrix}1&0&2\\0&1&1\\0&0&0\\0&0&0\end{pmatrix}$$

易见 $R(\boldsymbol{\alpha}_1\quad\boldsymbol{\alpha}_2\quad\boldsymbol{\beta})=R(\boldsymbol{\alpha}_1\quad\boldsymbol{\alpha}_2)=2$. 因此 $\boldsymbol{\beta}$ 可由 $\boldsymbol{\alpha}_1,\boldsymbol{\alpha}_2$ 线性表示，且 $k_1=2,k_2=1$ 时，$\boldsymbol{\beta}=2\boldsymbol{\alpha}_1+\boldsymbol{\alpha}_2$.

3. 已知向量 $\boldsymbol{\gamma}_1,\boldsymbol{\gamma}_2$ 由向量 $\boldsymbol{\beta}_1,\boldsymbol{\beta}_2,\boldsymbol{\beta}_3$ 线性表示的表示式为

$$\boldsymbol{\gamma}_1=3\boldsymbol{\beta}_1-\boldsymbol{\beta}_2-2\boldsymbol{\beta}_3,\quad \boldsymbol{\gamma}_2=\boldsymbol{\beta}_1+\boldsymbol{\beta}_2+2\boldsymbol{\beta}_3$$

向量 $\boldsymbol{\beta}_1,\boldsymbol{\beta}_2,\boldsymbol{\beta}_3$ 由向量 $\boldsymbol{\alpha}_1,\boldsymbol{\alpha}_2,\boldsymbol{\alpha}_3$ 线性表示的表示式为

$$\boldsymbol{\beta}_1=2\boldsymbol{\alpha}_1+\boldsymbol{\alpha}_2-5\boldsymbol{\alpha}_3,\quad \boldsymbol{\beta}_2=\boldsymbol{\alpha}_1+3\boldsymbol{\alpha}_2+\boldsymbol{\alpha}_3,\quad \boldsymbol{\beta}_3=-\boldsymbol{\alpha}_1+4\boldsymbol{\alpha}_2-\boldsymbol{\alpha}_3$$

求向量 $\boldsymbol{\gamma}_1,\boldsymbol{\gamma}_2$ 由向量 $\boldsymbol{\alpha}_1,\boldsymbol{\alpha}_2,\boldsymbol{\alpha}_3$ 线性表示的表示式.

解 由已知可得 $\begin{pmatrix}\boldsymbol{\gamma}_1\\\boldsymbol{\gamma}_2\end{pmatrix}=\begin{pmatrix}3&-1&-2\\1&1&2\end{pmatrix}\begin{pmatrix}\boldsymbol{\beta}_1\\\boldsymbol{\beta}_2\\\boldsymbol{\beta}_3\end{pmatrix}$，$\begin{pmatrix}\boldsymbol{\beta}_1\\\boldsymbol{\beta}_2\\\boldsymbol{\beta}_3\end{pmatrix}=\begin{pmatrix}2&1&-5\\1&3&1\\-1&4&-1\end{pmatrix}\begin{pmatrix}\boldsymbol{\alpha}_1\\\boldsymbol{\alpha}_2\\\boldsymbol{\alpha}_3\end{pmatrix}$

从而

$$\begin{pmatrix}\boldsymbol{\gamma}_1\\\boldsymbol{\gamma}_2\end{pmatrix}=\begin{pmatrix}3&-1&-2\\1&1&2\end{pmatrix}\begin{pmatrix}2&1&-5\\1&3&1\\-1&4&-1\end{pmatrix}\begin{pmatrix}\boldsymbol{\alpha}_1\\\boldsymbol{\alpha}_2\\\boldsymbol{\alpha}_3\end{pmatrix}=\begin{pmatrix}7&-8&-14\\1&12&-6\end{pmatrix}\begin{pmatrix}\boldsymbol{\alpha}_1\\\boldsymbol{\alpha}_2\\\boldsymbol{\alpha}_3\end{pmatrix}$$

习题 3.3 答案

1. 已知

$$\boldsymbol{\alpha}_1=\begin{pmatrix}1\\1\\1\end{pmatrix},\quad \boldsymbol{\alpha}_2=\begin{pmatrix}0\\2\\5\end{pmatrix},\quad \boldsymbol{\alpha}_3=\begin{pmatrix}2\\4\\7\end{pmatrix}$$

试讨论向量组 $\boldsymbol{\alpha}_1,\boldsymbol{\alpha}_2,\boldsymbol{\alpha}_3$ 及向量组 $\boldsymbol{\alpha}_1,\boldsymbol{\alpha}_2$ 的线性相关性.

解　对矩阵 $\boldsymbol{A}=(\boldsymbol{\alpha}_1,\boldsymbol{\alpha}_2,\boldsymbol{\alpha}_3)$ 施行初等行变换，将其化为行阶梯形式矩阵，即可同时看出矩阵 $\boldsymbol{A}$ 及 $\boldsymbol{B}=(\boldsymbol{\alpha}_1,\boldsymbol{\alpha}_2)$ 的秩，

$$(\boldsymbol{\alpha}_1,\boldsymbol{\alpha}_2,\boldsymbol{\alpha}_3)=\begin{pmatrix}1&0&2\\1&2&4\\1&5&7\end{pmatrix}\xrightarrow[r_3-r_1]{r_2-r_1}\begin{pmatrix}1&0&2\\0&2&2\\0&5&5\end{pmatrix}\xrightarrow{r_3-\frac{5}{2}r_2}\begin{pmatrix}1&0&2\\0&2&2\\0&0&0\end{pmatrix}$$

可见 $R(\boldsymbol{A})=2,R(\boldsymbol{B})=2$，故向量组 $\boldsymbol{\alpha}_1,\boldsymbol{\alpha}_2,\boldsymbol{\alpha}_3$ 线性相关；向量组 $\boldsymbol{\alpha}_1,\boldsymbol{\alpha}_2$ 线性无关.

2. 判定下列向量组的线性相关性：

(1) $\boldsymbol{\alpha}_1=(2,3)^{\mathrm{T}},\boldsymbol{\alpha}_2=(-1,2)^{\mathrm{T}}$；

(2) $\boldsymbol{\alpha}_1=(-1,0,2)^{\mathrm{T}},\boldsymbol{\alpha}_2=(-1,-2,7)^{\mathrm{T}},\boldsymbol{\alpha}_3=(1,-2,3)^{\mathrm{T}}$；

(3) $\boldsymbol{\alpha}_1=(2,4,1,1,0)^{\mathrm{T}},\boldsymbol{\alpha}_2=(3,5,2,-1,1)^{\mathrm{T}},\boldsymbol{\alpha}_3=(6,-7,8,3,9)^{\mathrm{T}}$；

(4) $\boldsymbol{\alpha}_1=(1,1,0,0)^{\mathrm{T}},\boldsymbol{\alpha}_2=(0,1,1,0)^{\mathrm{T}},\boldsymbol{\alpha}_3=(0,0,1,1)^{\mathrm{T}},\boldsymbol{\alpha}_4=(-1,0,0,1)^{\mathrm{T}}$.

(1) **解**　因为 $\boldsymbol{\alpha}_1=(2,3)^{\mathrm{T}},\boldsymbol{\alpha}_2=(-1,2)^{\mathrm{T}}$ 的对应分量不成比例，所以此向量组线性无关.

(2) **解法一**　记 $\boldsymbol{A}=(\boldsymbol{\alpha}_1,\boldsymbol{\alpha}_2,\boldsymbol{\alpha}_3)=\begin{pmatrix}-1&-1&1\\0&-2&-2\\2&7&3\end{pmatrix}$.

对矩阵 $\boldsymbol{A}$ 施行初等行变换变为行阶梯形矩阵

$$\boldsymbol{A}=\begin{pmatrix}-1&-1&1\\0&-2&-2\\2&7&3\end{pmatrix}\xrightarrow{r_3+2r_1}\begin{pmatrix}-1&-1&1\\0&-2&-2\\0&5&5\end{pmatrix}\xrightarrow{r_3+\frac{5}{2}r_2}\begin{pmatrix}-1&-1&1\\0&-2&-2\\0&0&0\end{pmatrix}$$

可见 $R(\boldsymbol{\alpha}_1,\boldsymbol{\alpha}_2,\boldsymbol{\alpha}_3)=2<3$，故向量组 $\boldsymbol{\alpha}_1,\boldsymbol{\alpha}_2,\boldsymbol{\alpha}_3$ 线性相关.

解法二　因为 $\boldsymbol{\alpha}_2=2\boldsymbol{\alpha}_1+\boldsymbol{\alpha}_3$，所以向量组 $\boldsymbol{\alpha}_1,\boldsymbol{\alpha}_2,\boldsymbol{\alpha}_3$ 线性相关.

(3) **解**　记 $\boldsymbol{A}=(\boldsymbol{\alpha}_1,\boldsymbol{\alpha}_2,\boldsymbol{\alpha}_3)=\begin{pmatrix}2&3&6\\4&5&-7\\1&2&8\\1&-1&3\\0&1&9\end{pmatrix}$.

对矩阵 $\boldsymbol{A}$ 施行初等行变换得到

$$A=\begin{pmatrix}2&3&6\\4&5&-7\\1&2&8\\1&-1&3\\0&1&9\end{pmatrix}\xrightarrow{r_1\leftrightarrow r_4}\begin{pmatrix}1&-1&3\\4&5&-7\\1&2&8\\2&3&6\\0&1&9\end{pmatrix}\xrightarrow{r_3+\frac{5}{2}r_2}\begin{pmatrix}1&-1&3\\0&9&-19\\0&3&5\\0&5&0\\0&1&9\end{pmatrix}$$

因为 $\begin{vmatrix}1&-1&3\\0&3&5\\0&5&0\end{vmatrix}\neq 0$，所以矩阵 A 有一个相应的三阶子式 $\begin{vmatrix}2&3&6\\1&2&8\\1&-1&3\end{vmatrix}\neq 0$，故 $R(\boldsymbol{\alpha}_1,\boldsymbol{\alpha}_2,\boldsymbol{\alpha}_3)=3$，因而向量组 $\boldsymbol{\alpha}_1,\boldsymbol{\alpha}_2,\boldsymbol{\alpha}_3$ 线性无关.

(4) **解**　记 $A=(\boldsymbol{\alpha}_1,\boldsymbol{\alpha}_2,\boldsymbol{\alpha}_3,\boldsymbol{\alpha}_4)=\begin{pmatrix}1&0&0&-1\\1&1&0&0\\0&1&1&0\\0&0&1&1\end{pmatrix}$

对矩阵 A 施行初等行变换变为行阶梯形矩阵

$$A=\begin{pmatrix}1&0&0&-1\\1&1&0&0\\0&1&1&0\\0&0&1&1\end{pmatrix}\xrightarrow{r_2-r_1}\begin{pmatrix}1&0&0&-1\\0&1&0&1\\0&1&1&0\\0&0&1&1\end{pmatrix}$$

$$\xrightarrow{r_3-r_2}\begin{pmatrix}1&0&0&-1\\0&1&0&1\\0&0&1&-1\\0&0&1&1\end{pmatrix}\xrightarrow{r_4-r_3}\begin{pmatrix}1&0&0&-1\\0&1&0&1\\0&0&1&-1\\0&0&0&2\end{pmatrix}$$

可见 $R(\boldsymbol{\alpha}_1,\boldsymbol{\alpha}_2,\boldsymbol{\alpha}_3,\boldsymbol{\alpha}_4)=4$，故向量组 $\boldsymbol{\alpha}_1,\boldsymbol{\alpha}_2,\boldsymbol{\alpha}_3,\boldsymbol{\alpha}_4$ 线性无关.

3. 证明:若向量组 $\boldsymbol{\alpha},\boldsymbol{\beta},\boldsymbol{\gamma}$ 线性无关,则向量组 $\boldsymbol{\alpha}+\boldsymbol{\beta},\boldsymbol{\beta}+\boldsymbol{\gamma},\boldsymbol{\gamma}+\boldsymbol{\alpha}$ 也线性无关.

证　方法一　设有一组数 k_1,k_2,k_3,使

$$k_1(\boldsymbol{\alpha}+\boldsymbol{\beta})+k_2(\boldsymbol{\beta}+\boldsymbol{\gamma})+k_3(\boldsymbol{\gamma}+\boldsymbol{\alpha})=\mathbf{0}$$

成立,整理即得

$$(k_1+k_3)\boldsymbol{\alpha}+(k_1+k_2)\boldsymbol{\beta}+(k_2+k_3)\boldsymbol{\gamma}=\mathbf{0}$$

因 $\boldsymbol{\alpha},\boldsymbol{\beta},\boldsymbol{\gamma}$ 线性无关,故有

$$\begin{cases}k_1+k_3=0\\k_1+k_2=0\\k_2+k_3=0\end{cases}$$

由于此方程组的系数行列式 $\begin{vmatrix}1&0&1\\1&1&0\\0&1&1\end{vmatrix}=2\neq 0$,故该方程组只有零解 $k_1=k_2=k_3=0$,

从而 $\boldsymbol{\alpha}+\boldsymbol{\beta},\boldsymbol{\beta}+\boldsymbol{\gamma},\boldsymbol{\gamma}+\boldsymbol{\alpha}$ 线性无关.

方法二　把题设两向量组之间的关系表示成矩阵形式

$$(\boldsymbol{\alpha}+\boldsymbol{\beta},\boldsymbol{\beta}+\boldsymbol{\gamma},\boldsymbol{\gamma}+\boldsymbol{\alpha})=(\boldsymbol{\alpha},\boldsymbol{\beta},\boldsymbol{\gamma})\begin{pmatrix}1&0&1\\1&1&0\\0&1&1\end{pmatrix}$$

记作 $\boldsymbol{B}=\boldsymbol{AK}$. 因 $|\boldsymbol{K}|=2\neq 0$,知 $\boldsymbol{K}$ 可逆,由矩阵的秩的性质知,有 $R(\boldsymbol{B})=R(\boldsymbol{A})$,由定理 2 的推论 1 可知 $\boldsymbol{\alpha}+\boldsymbol{\beta},\boldsymbol{\beta}+\boldsymbol{\gamma},\boldsymbol{\gamma}+\boldsymbol{\alpha}$ 线性无关.

4. 如果向量组 $\boldsymbol{\alpha}_1,\boldsymbol{\alpha}_2,\cdots,\boldsymbol{\alpha}_m$ 线性无关，证明向量组

$$\boldsymbol{\alpha}_1,\quad \boldsymbol{\alpha}_1+\boldsymbol{\alpha}_2,\quad \cdots,\quad \boldsymbol{\alpha}_1+\boldsymbol{\alpha}_2+\cdots+\boldsymbol{\alpha}_m$$

也线性无关.

证　由题设得到

$$(\boldsymbol{\alpha}_1,\boldsymbol{\alpha}_1+\boldsymbol{\alpha}_2,\cdots,\boldsymbol{\alpha}_1+\boldsymbol{\alpha}_2+\cdots+\boldsymbol{\alpha}_m)=(\boldsymbol{\alpha}_1,\boldsymbol{\alpha}_2,\cdots,\boldsymbol{\alpha}_m)\begin{pmatrix}1&1&\cdots&1\\0&1&\cdots&1\\\vdots&\vdots&&\vdots\\0&0&\cdots&1\end{pmatrix}$$

记

$$\boldsymbol{A}=(\boldsymbol{\alpha}_1,\boldsymbol{\alpha}_2,\cdots,\boldsymbol{\alpha}_m),\boldsymbol{B}=(\boldsymbol{\alpha}_1,\boldsymbol{\alpha}_1+\boldsymbol{\alpha}_2,\cdots,\boldsymbol{\alpha}_1+\boldsymbol{\alpha}_2+\cdots+\boldsymbol{\alpha}_m),\boldsymbol{K}=\begin{pmatrix}1&1&\cdots&1\\0&1&\cdots&1\\\vdots&\vdots&&\vdots\\0&0&\cdots&1\end{pmatrix}$$

则有

$$\boldsymbol{B}=\boldsymbol{AK}$$

因为 $|\boldsymbol{K}|=1\neq 0$，所以 $\boldsymbol{K}$ 可逆. 故 $R(\boldsymbol{B})=R(\boldsymbol{A})$. 又因为向量组 $\boldsymbol{\alpha}_1,\boldsymbol{\alpha}_2,\cdots,\boldsymbol{\alpha}_m$ 线性无关，因此 $R(\boldsymbol{A})=m$. 从而 $R(\boldsymbol{B})=m$，即向量组 $\boldsymbol{\alpha}_1,\boldsymbol{\alpha}_1+\boldsymbol{\alpha}_2,\cdots,\boldsymbol{\alpha}_1+\boldsymbol{\alpha}_2+\cdots+\boldsymbol{\alpha}_m$ 线性无关.

5. 设向量组 $\boldsymbol{\alpha}_1,\boldsymbol{\alpha}_2,\boldsymbol{\alpha}_3$ 线性无关，问常数 m,p,l 满足什么条件时,向量组 $m\boldsymbol{\alpha}_1-\boldsymbol{\alpha}_2$, $p\boldsymbol{\alpha}_2-\boldsymbol{\alpha}_3,l\boldsymbol{\alpha}_3-\boldsymbol{\alpha}_1$ 也线性无关.

证　记 $\boldsymbol{A}=(\boldsymbol{\alpha}_1,\boldsymbol{\alpha}_2,\boldsymbol{\alpha}_3),\boldsymbol{B}=(m\boldsymbol{\alpha}_1-\boldsymbol{\alpha}_2,p\boldsymbol{\alpha}_2-\boldsymbol{\alpha}_3,l\boldsymbol{\alpha}_3-\boldsymbol{\alpha}_1)$. 可见

$$\boldsymbol{B}=\boldsymbol{AK}$$

其中,$\boldsymbol{K}=\begin{pmatrix}m&0&-1\\-1&p&0\\0&-1&l\end{pmatrix}$.

要使向量组 $m\boldsymbol{\alpha}_1-\boldsymbol{\alpha}_2,p\boldsymbol{\alpha}_2-\boldsymbol{\alpha}_3,l\boldsymbol{\alpha}_3-\boldsymbol{\alpha}_1$ 也线性无关，必有 $\boldsymbol{K}$ 可逆，即 $|\boldsymbol{K}|=mpl+1\neq 0$，也即 $mpl\neq -1$.

6. 若向量 $\boldsymbol{\beta}$ 可由向量组 $\boldsymbol{\alpha}_1,\boldsymbol{\alpha}_2,\cdots,\boldsymbol{\alpha}_n$ 线性表示,且表示法唯一，证明：向量组 $\boldsymbol{\alpha}_1$,

$\boldsymbol{\alpha}_2,\cdots,\boldsymbol{\alpha}_m$ 线性无关.

证　向量 $\boldsymbol{\beta}$ 可由向量组 $\boldsymbol{\alpha}_1,\boldsymbol{\alpha}_2,\cdots,\boldsymbol{\alpha}_m$ 唯一地线性表示的充分必要条件是 $R(\boldsymbol{\alpha}_1,\boldsymbol{\alpha}_2,\cdots,\boldsymbol{\alpha}_m)=R(\boldsymbol{\alpha}_1,\boldsymbol{\alpha}_2,\cdots,\boldsymbol{\alpha}_m,\boldsymbol{\beta})=m$,故向量组 $\boldsymbol{\alpha}_1,\boldsymbol{\alpha}_2,\cdots,\boldsymbol{\alpha}_m$ 线性无关.

7. n 维向量组 $\boldsymbol{\alpha}_1,\boldsymbol{\alpha}_2,\cdots,\boldsymbol{\alpha}_n$ 线性无关的充分与必要条件是任一 n 维向量都可由它线性表示.

证　必要性　设 $\boldsymbol{\beta}$ 是任一 n 维向量，则 $n+1$ 个 n 维向量 $\boldsymbol{\alpha}_1,\boldsymbol{\alpha}_2,\cdots,\boldsymbol{\alpha}_n,\boldsymbol{\beta}$ 一定线性相关. 又因为向量组 $\boldsymbol{\alpha}_1,\boldsymbol{\alpha}_2,\cdots,\boldsymbol{\alpha}_n$ 线性无关，所以 $\boldsymbol{\beta}$ 可由向量组 $\boldsymbol{\alpha}_1,\boldsymbol{\alpha}_2,\cdots,\boldsymbol{\alpha}_n$ 线性表示.

充分性　由题设知 n 维单位向量组

$$\boldsymbol{\varepsilon}_1=(1,0,\cdots,0),\boldsymbol{\varepsilon}_2=(0,1,\cdots,0),\cdots,\boldsymbol{\varepsilon}_n=(0,0,\cdots,1)$$

可由向量组 $\boldsymbol{\alpha}_1,\boldsymbol{\alpha}_2,\cdots,\boldsymbol{\alpha}_n$ 线性表示,而向量组 $\boldsymbol{\alpha}_1,\boldsymbol{\alpha}_2,\cdots,\boldsymbol{\alpha}_n$ 也可由 n 维单位向量组

$$\boldsymbol{\varepsilon}_1=(1,0,\cdots,0),\boldsymbol{\varepsilon}_2=(0,1,\cdots,0),\cdots,\boldsymbol{\varepsilon}_n=(0,0,\cdots,1)$$

线性表示. 即向量组 $\boldsymbol{\alpha}_1,\boldsymbol{\alpha}_2,\cdots,\boldsymbol{\alpha}_n$ 与向量组 $\boldsymbol{\varepsilon}_1,\boldsymbol{\varepsilon}_2,\cdots,\boldsymbol{\varepsilon}_n$ 等价，从而 $R(\boldsymbol{\alpha}_1,\boldsymbol{\alpha}_2,\cdots,\boldsymbol{\alpha}_n)=R(\boldsymbol{\varepsilon}_1,\boldsymbol{\varepsilon}_2,\cdots,\boldsymbol{\varepsilon}_n)=n$,可见向量组 $\boldsymbol{\alpha}_1,\boldsymbol{\alpha}_2,\cdots,\boldsymbol{\alpha}_n$ 线性无关.

8. 若向量组 $\boldsymbol{\alpha}_1=(1,0,0)^{\mathrm{T}},\boldsymbol{\alpha}_2=(1,1,0)^{\mathrm{T}},\boldsymbol{\alpha}_3=(1,1,1)^{\mathrm{T}}$ 可由向量组 $\boldsymbol{\beta}_1,\boldsymbol{\beta}_2,\boldsymbol{\beta}_3$ 线性表示，也可由向量组 $\boldsymbol{\gamma}_1,\boldsymbol{\gamma}_2,\boldsymbol{\gamma}_3,\boldsymbol{\gamma}_4$ 线性表示，证明向量组 $\boldsymbol{\beta}_1,\boldsymbol{\beta}_2,\boldsymbol{\beta}_3$ 与向量组 $\boldsymbol{\gamma}_1,\boldsymbol{\gamma}_2,\boldsymbol{\gamma}_3,\boldsymbol{\gamma}_4$ 等价.

证　记 $\boldsymbol{A}=(\boldsymbol{\alpha}_1,\boldsymbol{\alpha}_2,\boldsymbol{\alpha}_3),\boldsymbol{B}=(\boldsymbol{\beta}_1,\boldsymbol{\beta}_2,\boldsymbol{\beta}_3),\boldsymbol{C}=(\boldsymbol{\gamma}_1,\boldsymbol{\gamma}_2,\boldsymbol{\gamma}_3,\boldsymbol{\gamma}_4)$.

由题设知存在三阶矩阵 $\boldsymbol{K}$ 及四阶矩阵 $\boldsymbol{L}$，使得

$$\boldsymbol{A}=\boldsymbol{BK}=\boldsymbol{CL}$$

因为 $|\boldsymbol{A}|=1\neq 0$，所以 $\boldsymbol{A}$ 是可逆矩阵. 于是

$$\boldsymbol{A}^{-1}\boldsymbol{BK}=\boldsymbol{A}^{-1}\boldsymbol{CL}=\boldsymbol{E}$$

由此知，矩阵 $\boldsymbol{K}$ 及 $\boldsymbol{L}$ 也是可逆矩阵. 故有

$$\boldsymbol{B}=\boldsymbol{CLK}^{-1},\quad \boldsymbol{C}=\boldsymbol{BKL}^{-1}$$

这表明向量组 $\boldsymbol{\beta}_1,\boldsymbol{\beta}_2,\boldsymbol{\beta}_3$ 与向量组 $\boldsymbol{\gamma}_1,\boldsymbol{\gamma}_2,\boldsymbol{\gamma}_3,\boldsymbol{\gamma}_4$ 等价.

9. 已知向量组 $\boldsymbol{\alpha}_1=(0,1,-1)^{\mathrm{T}},\boldsymbol{\alpha}_2=(a,2,0)^{\mathrm{T}},\boldsymbol{\alpha}_3=(b,1,0)^{\mathrm{T}}$ 与向量组 $\boldsymbol{\beta}_1=(1,2,-3)^{\mathrm{T}},\boldsymbol{\beta}_2=(3,0,1)^{\mathrm{T}},\boldsymbol{\beta}_3=(9,6,-7)^{\mathrm{T}}$ 有相同的秩，且 $\boldsymbol{\alpha}_3$ 可由 $\boldsymbol{\beta}_1,\boldsymbol{\beta}_2,\boldsymbol{\beta}_3$ 线性表示，试确定 a,b 的关系.

证　记 $\boldsymbol{A}=(\boldsymbol{\beta}_1,\boldsymbol{\beta}_2,\boldsymbol{\beta}_3,\boldsymbol{\alpha}_1,\boldsymbol{\alpha}_2,\boldsymbol{\alpha}_3)=\begin{pmatrix}1&3&9&0&a&b\\2&0&6&1&2&1\\-3&1&-7&-1&0&0\end{pmatrix}$.

由题设知

$$R(\boldsymbol{\alpha}_1,\boldsymbol{\alpha}_2,\boldsymbol{\alpha}_3)=R(\boldsymbol{\beta}_1,\boldsymbol{\beta}_2,\boldsymbol{\beta}_3)=R(\boldsymbol{\beta}_1,\boldsymbol{\beta}_2,\boldsymbol{\beta}_3,\boldsymbol{\alpha}_3)$$

因为

$$\boldsymbol{A}=\begin{pmatrix}1&3&9&0&a&b\\2&0&6&1&2&1\\-3&1&-7&-1&0&0\end{pmatrix}\xrightarrow{r_3+r_2}\begin{pmatrix}1&3&9&0&a&b\\2&0&6&1&2&1\\-1&1&-1&0&2&1\end{pmatrix}$$

$$\xrightarrow{r_1 \leftrightarrow r_3}\begin{pmatrix}-1 & 1 & -1 & 0 & 2 & 1\\ 2 & 0 & 6 & 1 & 2 & 1\\ 1 & 3 & 9 & 0 & a & b\end{pmatrix}\xrightarrow[r_3+r_1]{r_2+2r_1}\begin{pmatrix}-1 & 1 & -1 & 0 & 2 & 1\\ 0 & 2 & 4 & 1 & 6 & 3\\ 0 & 4 & 8 & 0 & a+2 & b+1\end{pmatrix}$$

$$\xrightarrow{r_3-2r_2}\begin{pmatrix}-1 & 1 & -1 & 0 & 2 & 1\\ 0 & 2 & 4 & 1 & 6 & 3\\ 0 & 0 & 0 & -2 & a-10 & b-5\end{pmatrix}$$

所以 $R(\boldsymbol{\alpha}_1,\boldsymbol{\alpha}_2,\boldsymbol{\alpha}_3)=R(\boldsymbol{\beta}_1,\boldsymbol{\beta}_2,\boldsymbol{\beta}_3,\boldsymbol{\alpha}_3)=R(\boldsymbol{\beta}_1,\boldsymbol{\beta}_2,\boldsymbol{\beta}_3)=2$，故 $b=5$.
又因为

$$(\boldsymbol{\alpha}_1,\boldsymbol{\alpha}_2,\boldsymbol{\alpha}_3)=\begin{pmatrix}0 & a & b\\ 1 & 2 & 1\\ -1 & 0 & 0\end{pmatrix}\xrightarrow{r}\begin{pmatrix}0 & 2 & 1\\ 1 & 6 & 3\\ -2 & a-10 & 0\end{pmatrix}\xrightarrow{r}\begin{pmatrix}1 & 6 & 3\\ 0 & 2 & 1\\ 0 & a+2 & 6\end{pmatrix}$$

故 $\begin{vmatrix}1 & 6 & 3\\ 0 & 2 & 1\\ 0 & a+2 & 6\end{vmatrix}=10-a=0$，即 $a=10=2b$.

10. 设有向量组 $\boldsymbol{A}:\boldsymbol{\alpha}_1=(a,2,10)^{\mathrm{T}},\boldsymbol{\alpha}_2=(-2,1,5)^{\mathrm{T}},\boldsymbol{\alpha}_3=(-1,1,4)^{\mathrm{T}}$ 及向量 $\boldsymbol{\beta}=(1,b,-1)^{\mathrm{T}}$，问 a,b 为何值时，

(1) 向量 $\boldsymbol{\beta}$ 不能由向量组 $\boldsymbol{A}$ 线性表示；

(2) 向量 $\boldsymbol{\beta}$ 能由向量组 $\boldsymbol{A}$ 线性表示，且表示式唯一；

(3) 向量 $\boldsymbol{\beta}$ 能由向量组 $\boldsymbol{A}$ 线性表示，且表示式不唯一，并求一般表示式.

解　记 $(\boldsymbol{A},\boldsymbol{\beta})=(\boldsymbol{\alpha}_3,\boldsymbol{\alpha}_2,\boldsymbol{\alpha}_1,\boldsymbol{\beta})=\begin{pmatrix}-1 & -2 & a & 1\\ 1 & 1 & 2 & b\\ 4 & 5 & 10 & -1\end{pmatrix}$.

对矩阵 $(\boldsymbol{A},\boldsymbol{\beta})$ 施行初等行变换变为行阶梯形矩阵：

$$(\boldsymbol{A},\boldsymbol{\beta})=\begin{pmatrix}-1 & -2 & a & 1\\ 1 & 1 & 2 & b\\ 4 & 5 & 10 & -1\end{pmatrix}\xrightarrow[r_3+4r_1]{r_2+r_1}\begin{pmatrix}-1 & -2 & a & 1\\ 0 & -1 & a+2 & b+1\\ 0 & -3 & 4a+10 & 3\end{pmatrix}$$

$$\xrightarrow{r_3-3r_2}\begin{pmatrix}-1 & -2 & a & 1\\ 0 & -1 & a+2 & b+1\\ 0 & 0 & a+4 & -3b\end{pmatrix}\xrightarrow[-r_2]{-r_1}\begin{pmatrix}1 & 2 & -a & -1\\ 0 & 1 & -a-2 & -b-1\\ 0 & 0 & a+4 & -3b\end{pmatrix}$$

(1) 当 $a=-4$ 且 $b\neq 0$ 时，$R(\boldsymbol{A})=2<R(\boldsymbol{A},\boldsymbol{\beta})=3$，以 $(\boldsymbol{A},\boldsymbol{\beta})$ 为增广矩阵的方程组无解，向量 $\boldsymbol{\beta}$ 不能由向量组 $\boldsymbol{A}$ 线性表示；

(2) 当 $a\neq -4$ 时，$R(\boldsymbol{A})=R(\boldsymbol{A},\boldsymbol{\beta})=3$，以 $(\boldsymbol{A},\boldsymbol{\beta})$ 为增广矩阵的方程组有唯一解，向量 $\boldsymbol{\beta}$ 能由向量组 $\boldsymbol{A}$ 线性表示，且表示式唯一；

(3) 当 $a=-4$ 且 $b=0$ 时，$(\boldsymbol{A},\boldsymbol{\beta})\xrightarrow{r}\begin{pmatrix}1 & 0 & 0 & 1\\ 0 & 1 & 2 & -1\\ 0 & 0 & 0 & 0\end{pmatrix}$.

可见 $R(\boldsymbol{A})=R(\boldsymbol{A},\boldsymbol{\beta})=2$，以 $(\boldsymbol{A},\boldsymbol{\beta})$ 为增广矩阵的方程组有无穷多解，通解为 $\boldsymbol{x}=(1,-1,0)^{\mathrm{T}}+k(0,-2,1)^{\mathrm{T}}=(1,-1-2k,k)^{\mathrm{T}}$（$k$ 为任意实数）. 此时向量 $\boldsymbol{\beta}$ 能由向量组 $\boldsymbol{A}$ 线性表示，且表示式不唯一，一般表示式为 $\boldsymbol{\beta}=k\boldsymbol{\alpha}_1-(2k+1)\boldsymbol{\alpha}_2+\boldsymbol{\alpha}_3$.

习题 3.4 答案

1. 求下列向量组的秩及一个最大无关组，并将其余向量用此最大无关组线性表示：

(1) $\boldsymbol{\alpha}_1=\begin{pmatrix}25\\75\\75\\25\end{pmatrix},\boldsymbol{\alpha}_2=\begin{pmatrix}31\\94\\94\\32\end{pmatrix},\boldsymbol{\alpha}_3=\begin{pmatrix}17\\53\\54\\20\end{pmatrix},\boldsymbol{\alpha}_4=\begin{pmatrix}43\\132\\134\\48\end{pmatrix}$；

(2) $\boldsymbol{\alpha}_1=\begin{pmatrix}1\\0\\2\\1\end{pmatrix},\boldsymbol{\alpha}_2=\begin{pmatrix}1\\2\\0\\1\end{pmatrix},\boldsymbol{\alpha}_3=\begin{pmatrix}2\\1\\3\\0\end{pmatrix},\boldsymbol{\alpha}_4=\begin{pmatrix}2\\5\\-1\\4\end{pmatrix},\boldsymbol{\alpha}_5=\begin{pmatrix}1\\-1\\3\\-1\end{pmatrix}$.

解 (1) 记 $\boldsymbol{A}=(\boldsymbol{\alpha}_1,\boldsymbol{\alpha}_2,\boldsymbol{\alpha}_3,\boldsymbol{\alpha}_4)=\begin{pmatrix}25&31&17&43\\75&94&53&132\\75&94&54&134\\25&32&20&48\end{pmatrix}$

对矩阵 $\boldsymbol{A}$ 施行初等行变换变为行阶梯形矩阵

$$\boldsymbol{A}\xrightarrow[\substack{r_3-r_2\\ r_2-3r_1}]{r_4-r_1}\begin{pmatrix}25&31&17&43\\0&1&2&3\\0&0&1&2\\0&1&3&5\end{pmatrix}\xrightarrow{r_4-r_2}\begin{pmatrix}25&31&17&43\\0&1&2&3\\0&0&1&2\\0&0&1&2\end{pmatrix}$$

$$\xrightarrow{r_4-r_3}\begin{pmatrix}25&31&17&43\\0&1&2&3\\0&0&1&2\\0&0&0&0\end{pmatrix}$$

可见 $R(\boldsymbol{A})=3$，$\boldsymbol{\alpha}_1,\boldsymbol{\alpha}_2,\boldsymbol{\alpha}_3$ 是此向量组的一个最大无关组.

为了将 $\boldsymbol{\alpha}_4$ 用 $\boldsymbol{\alpha}_1,\boldsymbol{\alpha}_2,\boldsymbol{\alpha}_3$ 线性表示，把 $\boldsymbol{A}$ 变成行最简形矩阵：

$$\boldsymbol{A}\xrightarrow{r}\begin{pmatrix}1&0&0&\frac{8}{5}\\0&1&0&-1\\0&0&1&2\\0&0&0&0\end{pmatrix}$$

记 $\boldsymbol{B}=\begin{pmatrix}1&0&0&\frac{8}{5}\\0&1&0&-1\\0&0&1&2\\0&0&0&0\end{pmatrix}=(\boldsymbol{\beta}_1,\boldsymbol{\beta}_2,\boldsymbol{\beta}_3,\boldsymbol{\beta}_4)$

则线性方程组 $x_1\boldsymbol{\alpha}_1+x_2\boldsymbol{\alpha}_2+x_3\boldsymbol{\alpha}_3=\boldsymbol{\alpha}_4$ 与 $x_1\boldsymbol{\beta}_1+x_2\boldsymbol{\beta}_2+x_3\boldsymbol{\beta}_3=\boldsymbol{\beta}_4$ 同解.

因为 $\boldsymbol{\beta}_4=\frac{8}{5}\boldsymbol{\beta}_1-\boldsymbol{\beta}_2+2\boldsymbol{\beta}_3$，所以 $\boldsymbol{\alpha}_4=\frac{8}{5}\boldsymbol{\alpha}_1-\boldsymbol{\alpha}_2+2\boldsymbol{\alpha}_3$.

(2) 记 $\boldsymbol{A}=(\boldsymbol{\alpha}_1,\boldsymbol{\alpha}_2,\boldsymbol{\alpha}_3,\boldsymbol{\alpha}_4,\boldsymbol{\alpha}_5)=\begin{pmatrix}1&1&2&2&1\\0&2&1&5&-1\\2&0&3&-1&3\\1&1&0&4&-1\end{pmatrix}$.

对矩阵 $\boldsymbol{A}$ 施行初等行变换变为行阶梯形矩阵

$$\boldsymbol{A}\xrightarrow[r_4-r_1]{r_3-2r_1}\begin{pmatrix}1&1&2&2&1\\0&2&1&5&-1\\0&-2&-1&-5&1\\0&0&-2&2&-2\end{pmatrix}\xrightarrow{r_3+r_2}\begin{pmatrix}1&1&2&2&1\\0&2&1&5&-1\\0&0&0&0&0\\0&0&-2&2&-2\end{pmatrix}$$

$$\xrightarrow{-\frac{1}{2}r_4}\begin{pmatrix}1&1&2&2&1\\0&2&1&5&-1\\0&0&0&0&0\\0&0&1&-1&1\end{pmatrix}\xrightarrow{r_2\leftrightarrow r_3}\begin{pmatrix}1&1&2&2&1\\0&2&1&5&-1\\0&0&1&-1&1\\0&0&0&0&0\end{pmatrix}$$

$$\xrightarrow[r_1-2r_3]{r_2-r_3}\begin{pmatrix}1&1&0&4&-1\\0&2&0&6&-2\\0&0&1&-1&1\\0&0&0&0&0\end{pmatrix}\xrightarrow{\frac{1}{2}r_2}\begin{pmatrix}1&1&0&4&-1\\0&1&0&3&-1\\0&0&1&-1&1\\0&0&0&0&0\end{pmatrix}$$

$$\xrightarrow{r_1-r_2}\begin{pmatrix}1&0&0&1&0\\0&1&0&3&-1\\0&0&1&-1&1\\0&0&0&0&0\end{pmatrix}$$

可见 $R(\boldsymbol{A})=3$，$\boldsymbol{\alpha}_1,\boldsymbol{\alpha}_2,\boldsymbol{\alpha}_3$ 是此向量组的一个最大无关组. 且 $\boldsymbol{\alpha}_4=\boldsymbol{\alpha}_1+3\boldsymbol{\alpha}_2-\boldsymbol{\alpha}_3,\boldsymbol{\alpha}_5=-\boldsymbol{\alpha}_2+\boldsymbol{\alpha}_3$.

习题 3.5 答案

1. 考虑 $\mathbf{R}^2$ 的一个基 $\boldsymbol{\alpha}_1,\boldsymbol{\alpha}_2$，其中 $\boldsymbol{\alpha}_1=(1,0)^{\mathrm{T}},\boldsymbol{\alpha}_2=(1,2)^{\mathrm{T}}$，

(1) $\mathbf{R}^2$ 的一向量 $\boldsymbol{x}$ 在基 $\boldsymbol{\alpha}_1,\boldsymbol{\alpha}_2$ 下的坐标为 $(-2,3)^{\mathrm{T}}$，求 $\boldsymbol{x}$.

(2) $\boldsymbol{y}=(4,5)^{\mathrm{T}}$，试确定向量 $\boldsymbol{y}$ 在基 $\boldsymbol{\alpha}_1,\boldsymbol{\alpha}_2$ 下的坐标.

解 (1) 结合 $\boldsymbol{x}$ 在 $\boldsymbol{\alpha}_1,\boldsymbol{\alpha}_2$ 下的坐标构造 $\boldsymbol{x}$，即

$$\boldsymbol{x}=(-2)\begin{pmatrix}1\\0\end{pmatrix}+3\begin{pmatrix}1\\2\end{pmatrix}=\begin{pmatrix}1\\6\end{pmatrix}$$

(2) 设 $\boldsymbol{y}$ 在基 $\boldsymbol{\alpha}_1,\boldsymbol{\alpha}_2$ 下的坐标为 (λ_1,λ_2)，则

$$\lambda_1\begin{pmatrix}1\\0\end{pmatrix}+\lambda_2\begin{pmatrix}1\\2\end{pmatrix}=\begin{pmatrix}4\\5\end{pmatrix}，\text{或}\begin{pmatrix}1&1\\0&2\end{pmatrix}\begin{pmatrix}\lambda_1\\\lambda_2\end{pmatrix}=\begin{pmatrix}4\\5\end{pmatrix}$$

该方程可以通过增广矩阵上的行变换或利用等号左边矩阵的逆来求解. 无论哪种方法，都能得到方程的解 $\lambda_1=\dfrac{3}{2},\lambda_2=\dfrac{5}{2}$，因此 $\boldsymbol{y}=\dfrac{3}{2}\boldsymbol{\alpha}_1+\dfrac{5}{2}\boldsymbol{\alpha}_2$.

2. 设 $\boldsymbol{\alpha}_1,\boldsymbol{\alpha}_2,\boldsymbol{\alpha}_3$ 为三维向量空间的一个基，而 $\boldsymbol{\beta}_1,\boldsymbol{\beta}_2,\boldsymbol{\beta}_3$ 与 $\boldsymbol{\gamma}_1,\boldsymbol{\gamma}_2,\boldsymbol{\gamma}_3$ 为 V 中两个向量组，且

$$\begin{cases}\boldsymbol{\beta}_1=\boldsymbol{\alpha}_1+\boldsymbol{\alpha}_2+\boldsymbol{\alpha}_3\\\boldsymbol{\beta}_2=\boldsymbol{\alpha}_1-\boldsymbol{\alpha}_3\\\boldsymbol{\beta}_3=\boldsymbol{\alpha}_1+\boldsymbol{\alpha}_3\end{cases},\quad\begin{cases}\boldsymbol{\gamma}_1=\boldsymbol{\alpha}_1+2\boldsymbol{\alpha}_2+\boldsymbol{\alpha}_3\\\boldsymbol{\gamma}_2=2\boldsymbol{\alpha}_1+3\boldsymbol{\alpha}_2+4\boldsymbol{\alpha}_3\\\boldsymbol{\gamma}_3=3\boldsymbol{\alpha}_1+4\boldsymbol{\alpha}_2+3\boldsymbol{\alpha}_3\end{cases}$$

(1) 验证 $\boldsymbol{\beta}_1,\boldsymbol{\beta}_2,\boldsymbol{\beta}_3$ 及 $\boldsymbol{\gamma}_1,\boldsymbol{\gamma}_2,\boldsymbol{\gamma}_3$ 都是 V 的基；

(2) 求由 $\boldsymbol{\beta}_1,\boldsymbol{\beta}_2,\boldsymbol{\beta}_3$ 到 $\boldsymbol{\gamma}_1,\boldsymbol{\gamma}_2,\boldsymbol{\gamma}_3$ 的过渡矩阵；

(3) 求坐标变换公式.

解 (1)
$$(\boldsymbol{\beta}_1,\boldsymbol{\beta}_2,\boldsymbol{\beta}_3)=(\boldsymbol{\alpha}_1,\boldsymbol{\alpha}_2,\boldsymbol{\alpha}_3)\begin{pmatrix}1&1&1\\1&0&0\\1&-1&1\end{pmatrix}=(\boldsymbol{\alpha}_1,\boldsymbol{\alpha}_2,\boldsymbol{\alpha}_3)\boldsymbol{B}$$

$$(\boldsymbol{\gamma}_1,\boldsymbol{\gamma}_2,\boldsymbol{\gamma}_3)=(\boldsymbol{\alpha}_1,\boldsymbol{\alpha}_2,\boldsymbol{\alpha}_3)\begin{pmatrix}1&2&3\\2&3&4\\1&4&3\end{pmatrix}=(\boldsymbol{\alpha}_1,\boldsymbol{\alpha}_2,\boldsymbol{\alpha}_3)\boldsymbol{C}$$

由于 $|\boldsymbol{B}|\neq 0$，故 $\boldsymbol{B}$ 为可逆矩阵，而 $\boldsymbol{\alpha}_1,\boldsymbol{\alpha}_2,\boldsymbol{\alpha}_3$ 为 V 的基，故 $\boldsymbol{\beta}_1,\boldsymbol{\beta}_2,\boldsymbol{\beta}_3$ 线性无关，所以 $\boldsymbol{\beta}_1,\boldsymbol{\beta}_2,\boldsymbol{\beta}_3$ 为三维向量空间 V 的基.

同理由 $|\boldsymbol{C}|\neq 0$ 知，$\boldsymbol{\gamma}_1,\boldsymbol{\gamma}_2,\boldsymbol{\gamma}_3$ 也是 V 的基.

(2) 由(1) 知 $(\boldsymbol{\beta}_1,\boldsymbol{\beta}_2,\boldsymbol{\beta}_3)=(\boldsymbol{\alpha}_1,\boldsymbol{\alpha}_2,\boldsymbol{\alpha}_3)\boldsymbol{B}$，从而

$$(\boldsymbol{\alpha}_1,\boldsymbol{\alpha}_2,\boldsymbol{\alpha}_3)=(\boldsymbol{\beta}_1,\boldsymbol{\beta}_2,\boldsymbol{\beta}_3)\boldsymbol{B}^{-1}$$

$$(\boldsymbol{\gamma}_1,\boldsymbol{\gamma}_2,\boldsymbol{\gamma}_3)=(\boldsymbol{\alpha}_1,\boldsymbol{\alpha}_2,\boldsymbol{\alpha}_3)\boldsymbol{C}=(\boldsymbol{\beta}_1,\boldsymbol{\beta}_2,\boldsymbol{\beta}_3)\boldsymbol{B}^{-1}\boldsymbol{C}$$

所以由 $\boldsymbol{\beta}_1,\boldsymbol{\beta}_2,\boldsymbol{\beta}_3$ 到 $\boldsymbol{\gamma}_1,\boldsymbol{\gamma}_2,\boldsymbol{\gamma}_3$ 的过渡矩阵为

$$\boldsymbol{B}^{-1}\boldsymbol{C}=\begin{pmatrix}1&1&1\\1&0&0\\1&-1&1\end{pmatrix}^{-1}\begin{pmatrix}1&2&3\\2&3&4\\1&4&3\end{pmatrix}=\begin{pmatrix}2&3&4\\0&-1&0\\-1&0&-1\end{pmatrix}$$

(3) 坐标变换公式为

$$\begin{pmatrix} x_1 \\ x_2 \\ x_3 \end{pmatrix} = \begin{pmatrix} 2 & 3 & 4 \\ 0 & -1 & 0 \\ -1 & 0 & -1 \end{pmatrix} \begin{pmatrix} x'_1 \\ x'_2 \\ x'_3 \end{pmatrix}$$

3. 证明 $\boldsymbol{\alpha}_1=(1,2,1)^{\mathrm{T}}$, $\boldsymbol{\alpha}_2=(4,-1,-5)^{\mathrm{T}}$, $\boldsymbol{\alpha}_3=(-1,-3,-4)^{\mathrm{T}}$ 是 $\mathbf{R}^3$ 的一个基，并求 $\boldsymbol{\beta}=(2,1,2)^{\mathrm{T}}$ 在这个基中的坐标.

解 记 $\boldsymbol{A}=(\boldsymbol{\alpha}_1,\boldsymbol{\alpha}_2,\boldsymbol{\alpha}_3,\boldsymbol{\beta})=\begin{pmatrix} 1 & 4 & -1 & 2 \\ 2 & -1 & -3 & 1 \\ 1 & -5 & -4 & 2 \end{pmatrix}$.

对矩阵 $\boldsymbol{A}$ 施行初等行变换变为行最简形矩阵：

$$\boldsymbol{A}=\begin{pmatrix} 1 & 4 & -1 & 2 \\ 2 & -1 & -3 & 1 \\ 1 & -5 & -4 & 2 \end{pmatrix} \xrightarrow[r_3-r_1]{r_2-2r_1} \begin{pmatrix} 1 & 4 & -1 & 2 \\ 0 & -9 & -1 & -3 \\ 0 & -9 & -3 & 0 \end{pmatrix}$$

$$\xrightarrow{r_3-r_2} \begin{pmatrix} 1 & 4 & -1 & 2 \\ 0 & -9 & -1 & -3 \\ 0 & 0 & -2 & 3 \end{pmatrix} \xrightarrow[-\frac{1}{2}r_3]{-\frac{1}{9}r_2} \begin{pmatrix} 1 & 4 & -1 & 2 \\ 0 & 1 & \frac{1}{9} & \frac{1}{3} \\ 0 & 0 & 1 & -\frac{3}{2} \end{pmatrix}$$

$$\xrightarrow[r_2-\frac{1}{9}r_3]{r_1+r_3} \begin{pmatrix} 1 & 4 & 0 & \frac{1}{2} \\ 0 & 1 & 0 & \frac{1}{2} \\ 0 & 0 & 1 & -\frac{3}{2} \end{pmatrix} \xrightarrow{r_1-4r_2} \begin{pmatrix} 1 & 0 & 0 & -\frac{3}{2} \\ 0 & 1 & 0 & \frac{1}{2} \\ 0 & 0 & 1 & -\frac{3}{2} \end{pmatrix}$$

可见 $R(\boldsymbol{\alpha}_1,\boldsymbol{\alpha}_2,\boldsymbol{\alpha}_3)=3$，故 $\boldsymbol{\alpha}_1,\boldsymbol{\alpha}_2,\boldsymbol{\alpha}_3$ 是 $\mathbf{R}^3$ 的一个基，且 $\boldsymbol{\beta}$ 在这个基中的坐标依次为

$$-\frac{3}{2},\quad \frac{1}{2},\quad -\frac{3}{2}$$

习题 3.6 答案

1. 求下列齐次线性方程组的一个基础解系和通解：

(1) $\begin{cases} x_1+2x_2-2x_3+2x_4-x_5=0 \\ x_1+2x_2-x_3+3x_4-2x_5=0 \\ 2x_1+4x_2-7x_3+x_4+x_5=0 \end{cases}$；

(2) $\begin{cases} x_1-2x_2+x_3-x_4+x_5=0 \\ 2x_1+x_2-x_3+2x_4-3x_5=0 \\ 3x_1-2x_2-3x_3+x_4-2x_5=0 \\ 2x_1-5x_2+x_3-2x_4+2x_5=0 \end{cases}$.

解 (1) 对系数矩阵 $\boldsymbol{A}$ 施行初等行变换变为行最简形矩阵：

$$A=\begin{pmatrix}1&2&-2&2&-1\\1&2&-1&3&-2\\2&4&-7&1&1\end{pmatrix}\xrightarrow[r_3-2r_1]{r_2-r_1}\begin{pmatrix}1&2&-2&2&-1\\0&0&1&1&-1\\0&0&-3&-3&3\end{pmatrix}$$

$$\xrightarrow{r_3+3r_2}\begin{pmatrix}1&2&-2&2&-1\\0&0&1&1&-1\\0&0&0&0&0\end{pmatrix}\xrightarrow{r_1+2r_2}\begin{pmatrix}1&2&0&4&-3\\0&0&1&1&-1\\0&0&0&0&0\end{pmatrix}$$

可见 $R(\boldsymbol{A})=2<5$,故此方程组有无穷多解.

与之同解的方程组为

$$\begin{cases}x_1=-2x_2-4x_4+3x_5\\x_3=-x_4+x_5\end{cases}$$

令

$$\begin{pmatrix}x_2\\x_4\\x_5\end{pmatrix}=\begin{pmatrix}1\\0\\0\end{pmatrix},\begin{pmatrix}0\\1\\0\end{pmatrix},\begin{pmatrix}0\\0\\1\end{pmatrix}$$

则对应有 $\begin{pmatrix}x_1\\x_3\end{pmatrix}=\begin{pmatrix}-2\\0\end{pmatrix},\begin{pmatrix}-4\\-1\end{pmatrix},\begin{pmatrix}3\\1\end{pmatrix}$,即得基础解系

$$\boldsymbol{\xi}_1=(-2,1,0,0,0)^{\mathrm{T}},\quad \boldsymbol{\xi}_2=(-4,0,-1,1,0)^{\mathrm{T}},\quad \boldsymbol{\xi}_3=(3,0,1,0,1)^{\mathrm{T}}$$

于是此方程组的通解为 $\boldsymbol{x}=k_1\boldsymbol{\xi}_1+k_2\boldsymbol{\xi}_2+k_3\boldsymbol{\xi}_3$($k_1,k_2,k_3$ 为任意实数).

(2) 对系数矩阵 $\boldsymbol{A}$ 施行初等行变换变为行最简形矩阵:

$$\begin{pmatrix}1&-2&1&-1&1\\2&1&-1&2&-3\\3&-2&-3&1&-2\\2&-5&1&-2&2\end{pmatrix}\xrightarrow[r_4-2r_1]{\substack{r_2-2r_1\\r_3-3r_1}}\begin{pmatrix}1&-2&1&-1&1\\0&5&-3&4&-5\\0&4&-6&4&-5\\0&-1&-1&0&0\end{pmatrix}$$

$$\xrightarrow{r_2-r_3}\begin{pmatrix}1&-2&1&-1&1\\0&1&3&0&0\\0&4&-6&4&-5\\0&-1&-1&0&0\end{pmatrix}\xrightarrow[r_2+r_3]{r_3-4r_2}\begin{pmatrix}1&-2&1&-1&1\\0&1&3&0&0\\0&0&-18&4&-5\\0&0&2&0&0\end{pmatrix}$$

$$\xrightarrow{\frac{1}{2}r_2}\begin{pmatrix}1&-2&1&-1&1\\0&1&3&0&0\\0&0&-18&4&-5\\0&0&1&0&0\end{pmatrix}\xrightarrow{r_2\leftrightarrow r_3}\begin{pmatrix}1&-2&1&-1&1\\0&1&3&0&0\\0&0&1&0&0\\0&0&-18&4&-5\end{pmatrix}$$

$$\xrightarrow{r_4+18r_3}\begin{pmatrix}1&-2&1&-1&1\\0&1&3&0&0\\0&0&1&0&0\\0&0&0&1&-\frac{5}{4}\end{pmatrix}$$

可见 $R(\boldsymbol{A})=2<5$,故此方程组有无穷多解.

与之同解的方程组为

$$\begin{cases}x_1=-2x_2-4x_4+3x_5\\x_3=-x_4+x_5\end{cases}$$

令 $\begin{pmatrix}x_2\\x_4\\x_5\end{pmatrix}=\begin{pmatrix}1\\0\\0\end{pmatrix},\begin{pmatrix}0\\1\\0\end{pmatrix},\begin{pmatrix}0\\0\\1\end{pmatrix}$,则对应有 $\begin{pmatrix}x_1\\x_3\end{pmatrix}=\begin{pmatrix}-2\\0\end{pmatrix},\begin{pmatrix}-4\\-1\end{pmatrix},\begin{pmatrix}3\\1\end{pmatrix}$,即得基础解系

$$\boldsymbol{\xi}_1=(-1,-1,1,2,0)^{\mathrm{T}},\quad \boldsymbol{\xi}_2=(7,5,-5,0,8)^{\mathrm{T}}$$

于是此方程组的通解为 $\boldsymbol{x}=k_1\boldsymbol{\xi}_1+k_2\boldsymbol{\xi}_2$($k_1,k_2,k_3$ 为任意实数).

2.求下列非齐次线性方程组的通解:

(1)$\begin{cases}x_1+x_2-3x_3-x_4=1\\3x_1-x_2-3x_3+4x_4=4;\\x_1+5x_2-9x_3-8x_4=0\end{cases}$

(2)$\begin{cases}x_1+x_2+x_3+x_4+x_5=7\\3x_1+2x_2+x_3+x_4-3x_5=-2\\x_2+2x_3+2x_4+6x_5=23\\5x_1+4x_2-3x_3+3x_4-x_5=12\end{cases}$.

解　(1)对增广矩阵($\boldsymbol{AB}$)做初等行变换,变成行最简形矩阵,

$$(\boldsymbol{AB})=\begin{pmatrix}1&1&-3&-1&1\\3&-1&-3&4&4\\1&5&-9&-8&0\end{pmatrix}\to\begin{pmatrix}1&1&-3&-1&1\\0&1&-\frac{3}{2}&-\frac{7}{4}&-\frac{1}{4}\\0&0&0&0&0\end{pmatrix}\to$$

$$\begin{pmatrix}1&0&-\frac{3}{2}&\frac{3}{4}&\frac{5}{4}\\0&1&-\frac{3}{2}&-\frac{7}{4}&-\frac{1}{4}\\0&0&0&0&0\end{pmatrix}$$

可见 $R(\boldsymbol{A})=R(\boldsymbol{B})=2<4$,故此方程组有无穷多解.

与之同解的方程组为

$$\begin{cases}x_1-\frac{3}{2}x_3+\frac{3}{4}x_4=\frac{5}{4}\\x_2-\frac{3}{2}x_3-\frac{7}{4}x_4=-\frac{1}{4}\end{cases}$$

令$\begin{pmatrix}x_3\\x_4\end{pmatrix}=\begin{pmatrix}0\\0\end{pmatrix}$,则对应有$\begin{pmatrix}x_1\\x_2\end{pmatrix}=\begin{pmatrix}\frac{5}{4}\\-\frac{1}{4}\end{pmatrix}$,得到此方程组的一个解$\boldsymbol{\eta}^*=\begin{pmatrix}\frac{5}{4}\\-\frac{1}{4}\\0\\0\end{pmatrix}$

与之对应的齐次线性方程组为

$$\begin{cases}x_1=\frac{3}{2}x_3-\frac{3}{4}x_4\\x_2=\frac{3}{2}x_3+\frac{7}{4}x_4\end{cases}$$

令$\begin{pmatrix}x_3\\x_4\end{pmatrix}=\begin{pmatrix}1\\0\end{pmatrix},\begin{pmatrix}0\\1\end{pmatrix}$,则$\begin{pmatrix}x_1\\x_2\end{pmatrix}=\begin{pmatrix}\frac{3}{2}\\\frac{3}{2}\end{pmatrix},\begin{pmatrix}-\frac{3}{4}\\\frac{7}{4}\end{pmatrix}$,即得对应的齐次方程组的基础解系

$$\boldsymbol{\xi}_1=\begin{pmatrix}\frac{3}{2}\\\frac{3}{2}\\1\\0\end{pmatrix},\quad \boldsymbol{\xi}_2=\begin{pmatrix}-\frac{3}{4}\\\frac{7}{4}\\0\\1\end{pmatrix}$$

$$\begin{pmatrix}x_1\\x_2\\x_3\\x_4\end{pmatrix}=\begin{pmatrix}\frac{5}{4}\\-\frac{1}{4}\\0\\0\end{pmatrix}+k_1\begin{pmatrix}\frac{3}{2}\\\frac{3}{2}\\1\\0\end{pmatrix}+k_2\begin{pmatrix}-\frac{3}{4}\\\frac{7}{4}\\0\\1\end{pmatrix}\quad(k_1,k_2\in\mathbf{R})$$

(2) 对增广矩阵$\boldsymbol{B}=(\boldsymbol{A},\boldsymbol{\beta})$施行初等行变换：

$$\boldsymbol{B}=(\boldsymbol{A},\boldsymbol{\beta})=\begin{pmatrix}1&1&1&1&1&7\\3&2&1&1&-3&-2\\0&1&2&2&6&23\\5&4&-3&3&-1&12\end{pmatrix}\xrightarrow[r_4+(-5r_1)]{r_2+(-3r_1)}\begin{pmatrix}1&1&1&1&1&7\\0&-1&-2&-2&-6&-23\\0&1&2&2&6&23\\0&-1&-8&-2&-6&-23\end{pmatrix}$$

$$\xrightarrow[r_4+(-r_2)]{r_3+r_2}\begin{pmatrix}1&1&1&1&1&7\\0&-1&-2&-2&-6&-23\\0&0&0&0&0&0\\0&0&-6&0&0&0\end{pmatrix}\longrightarrow\begin{pmatrix}1&0&0&-1&-5&-16\\0&1&0&2&6&23\\0&0&1&0&0&0\\0&0&0&0&0&0\end{pmatrix}$$

可见$R(\mathbf{A})=R(\boldsymbol{B})=3<5$,故此方程组有无穷多解.

与之同解的方程组为

$$\begin{cases} x_1 - x_4 - 5x_5 = -16 \\ x_2 + 2x_4 + 6x_5 = 23 \\ x_3 = 0 \end{cases}$$

令 $\begin{pmatrix} x_4 \\ x_5 \end{pmatrix} = \begin{pmatrix} 0 \\ 0 \end{pmatrix}$，则对应有 $\begin{pmatrix} x_1 \\ x_2 \end{pmatrix} = \begin{pmatrix} -16 \\ 23 \end{pmatrix}$，得到此方程组的一个解 $\boldsymbol{\eta} = (-16,23,0,0,0)^{\mathrm{T}}$，与之对应的齐次线性方程组为

$$\begin{cases} x_1 - x_4 - 5x_5 = 0 \\ x_2 + 2x_4 + 6x_5 = 0 \\ x_3 = 0 \end{cases}$$

令 $\begin{pmatrix} x_4 \\ x_5 \end{pmatrix} = \begin{pmatrix} 1 \\ 0 \end{pmatrix}, \begin{pmatrix} 0 \\ 1 \end{pmatrix}$，则 $\begin{pmatrix} x_1 \\ x_2 \end{pmatrix} = \begin{pmatrix} 1 \\ -2 \end{pmatrix}, \begin{pmatrix} 5 \\ -6 \end{pmatrix}$，即得对应的齐次方程组的基础解系

$$\boldsymbol{\xi}_1 = (1,-2,0,1,0)^{\mathrm{T}}, \quad \boldsymbol{\xi}_2 = (5,-6,0,0,1)^{\mathrm{T}}$$

于是所求通解为

$$\boldsymbol{x} = k_1\boldsymbol{\xi}_1 + k_2\boldsymbol{\xi}_2 + \boldsymbol{\eta} = k_1(1,-2,0,1,0)^{\mathrm{T}} + k_2(5,-6,0,0,1)^{\mathrm{T}} + (-16,23,0,0,0)^{\mathrm{T}}$$

$$(k_1,k_2 \text{ 为任意实数})$$

3. 当 λ 取何值时，线性方程组

$$\begin{cases} \lambda x_1 + x_2 + x_3 = \lambda - 3 \\ x_1 + \lambda x_2 + x_3 = -2 \\ x_1 + x_2 + \lambda x_3 = -2 \end{cases}$$

无解？ 有唯一解？有无穷多解？ 在方程组有无穷多解时，求出其通解.

解　对增广矩阵 $\boldsymbol{B} = (\boldsymbol{A},\boldsymbol{\beta})$ 施行初等行变换：

$$\boldsymbol{B} = (\boldsymbol{A},\boldsymbol{\beta}) = \begin{pmatrix} \lambda & 1 & 1 & \lambda-3 \\ 1 & \lambda & 1 & -2 \\ 1 & 1 & \lambda & -2 \end{pmatrix} \xrightarrow{r_1 \leftrightarrow r_3} \begin{pmatrix} 1 & 1 & \lambda & -2 \\ 1 & \lambda & 1 & -2 \\ \lambda & 1 & 1 & \lambda-3 \end{pmatrix}$$

$$\xrightarrow[r_3 - \lambda r_1]{r_2 - r_1} \begin{pmatrix} 1 & 1 & \lambda & -2 \\ 0 & \lambda-1 & 1-\lambda & 0 \\ 0 & 1-\lambda & 1-\lambda^2 & 3\lambda-3 \end{pmatrix}$$

$$\xrightarrow{r_3 + r_2} \begin{pmatrix} 1 & 1 & \lambda & -2 \\ 0 & \lambda-1 & 1-\lambda & 0 \\ 0 & 0 & (1-\lambda)(2+\lambda) & 3(\lambda-1) \end{pmatrix}$$

当 $\lambda = 1$ 时，$\boldsymbol{B} \xrightarrow{r} \begin{pmatrix} 1 & 1 & 1 & -2 \\ 0 & 0 & 0 & 0 \\ 0 & 0 & 0 & 0 \end{pmatrix}$，方程组有无穷多解，其通解为

$$x = k_1\boldsymbol{\xi}_1 + k_2\boldsymbol{\xi}_2 + \boldsymbol{\eta} \quad (k_1,k_2 \text{ 为任意实数})$$

其中 $\boldsymbol{\xi}_1 = (-1,1,0)^{\mathrm{T}}, \boldsymbol{\xi}_2 = (-1,0,1)^{\mathrm{T}}, \boldsymbol{\eta} = (-2,0,0)^{\mathrm{T}}$.

当 $\lambda=-2$ 时，$\boldsymbol{B}\xrightarrow{r}\begin{pmatrix}1&1&-2&-2\\0&-3&3&0\\0&0&0&1\end{pmatrix}$，$R(\boldsymbol{A})=3<R(\boldsymbol{B})=4$，方程组无解.

当 $\lambda\neq-2$ 且 $\lambda\neq1$ 时，$\boldsymbol{B}\xrightarrow{r}\begin{pmatrix}1&1&\lambda&-2\\0&1&1&0\\0&0&2+\lambda&3\end{pmatrix}$，

$R(\boldsymbol{A})=R(\boldsymbol{B})=3$，方程组有唯一解.

3.4　验收测试题

一、填空题

1. 已知 $\boldsymbol{\alpha}=(3,5,7,9)^{\mathrm{T}}$，$\boldsymbol{\beta}=(-1,5,2,0)^{\mathrm{T}}$，且 $2\boldsymbol{\alpha}+3\boldsymbol{x}=\boldsymbol{\beta}$，则 $\boldsymbol{x}=$________.

2. 当 $k=$________ 时，向量 $\boldsymbol{\beta}=(1,k,5)^{\mathrm{T}}$ 能由向量 $\boldsymbol{\alpha}_1=(1,-3,2)^{\mathrm{T}}$，$\boldsymbol{\alpha}_2=(2,-1,1)^{\mathrm{T}}$ 线性表示.

3. 若 $\boldsymbol{\beta}=(0,k,k^2)^{\mathrm{T}}$ 能由向量 $\boldsymbol{\alpha}_1=(1+k,1,1)^{\mathrm{T}}$，$\boldsymbol{\alpha}_2=(1,1+k,1)^{\mathrm{T}}$，$\boldsymbol{\alpha}_3=(1,1,1+k)^{\mathrm{T}}$ 唯一地线性表示，则 k 满足条件 ________.

4. 设 $\boldsymbol{\alpha}_1=(k,1,1)^{\mathrm{T}}$，$\boldsymbol{\alpha}_2=(0,2,3)^{\mathrm{T}}$，$\boldsymbol{\alpha}_3=(1,2,1)^{\mathrm{T}}$，则当 $k=$________时，$\boldsymbol{\alpha}_1,\boldsymbol{\alpha}_2,\boldsymbol{\alpha}_3$ 线性相关.

5. 设 $\boldsymbol{\alpha}_1=(2,1,3,-1)^{\mathrm{T}}$，$\boldsymbol{\alpha}_2=(3,-1,2,0)^{\mathrm{T}}$，$\boldsymbol{\alpha}_3=(4,2,6,-2)^{\mathrm{T}}$，$\boldsymbol{\alpha}_4=(4,-3,1,1)^{\mathrm{T}}$，则 $R(\boldsymbol{\alpha}_1,\boldsymbol{\alpha}_2,\boldsymbol{\alpha}_3,\boldsymbol{\alpha}_4)=$________.

6. 设 $\boldsymbol{A}$ 为四阶方阵，$R(\boldsymbol{A})=3$，则 $R(\boldsymbol{A}^*)=$________.

7. 设 $\boldsymbol{\alpha}=(1,2,3)^{\mathrm{T}}$，$\boldsymbol{\beta}=(1,2,3)$，$\boldsymbol{A}=\boldsymbol{\alpha\beta}$，则 $R(\boldsymbol{A})=$________.

8. 设 $\boldsymbol{A}=(a_{ij})_{4\times3}$，$\boldsymbol{B}=(b_{ij})_{3\times4}$，且 $R(\boldsymbol{A})=2$，$R(\boldsymbol{B})=3$，则 $R(\boldsymbol{AB})=$________.

9. 已知向量组 $\boldsymbol{\alpha}_1=(1,2,3,4)^{\mathrm{T}}$，$\boldsymbol{\alpha}_2=(2,3,4,5)^{\mathrm{T}}$，$\boldsymbol{\alpha}_3=(3,4,5,6)^{\mathrm{T}}$，$\boldsymbol{\alpha}_4=(4,5,5,t)^{\mathrm{T}}$，且 $R(\boldsymbol{\alpha}_1,\boldsymbol{\alpha}_2,\boldsymbol{\alpha}_3,\boldsymbol{\alpha}_4)=2$，则 $t=$________.

10. 设 $\boldsymbol{\alpha}=(1,0,1)^{\mathrm{T}}$，$\boldsymbol{\beta}=(0,1,1)^{\mathrm{T}}$ 是 $\boldsymbol{Ax}=\boldsymbol{0}$ 的两个解，其中 $\boldsymbol{A}=\begin{pmatrix}1&2&3\\-1&a&-3\\1&2&b\end{pmatrix}$，则 $a=$________，$b=$________.

二、选择题

1. 设 $\boldsymbol{\alpha}_1,\boldsymbol{\alpha}_2,\cdots,\boldsymbol{\alpha}_m$ 是一组 n 维向量，则下列结论正确的是(　　)

A. 若 $\boldsymbol{\alpha}_1,\boldsymbol{\alpha}_2,\cdots,\boldsymbol{\alpha}_m$ 不线性相关，就一定线性无关

B. 如果存在不全为零的数 $k_1,k_2,\cdots,k_m$，使得 $k_1\boldsymbol{\alpha}_1+k_2\boldsymbol{\alpha}_2+\cdots+k_m\boldsymbol{\alpha}_m=\boldsymbol{0}$，则 $\boldsymbol{\alpha}_1,\boldsymbol{\alpha}_2,\cdots,\boldsymbol{\alpha}_m$ 线性无关

C. 若向量组 $\boldsymbol{\alpha}_1,\boldsymbol{\alpha}_2,\cdots,\boldsymbol{\alpha}_m(m\geqslant2)$ 线性相关，则 $\boldsymbol{\alpha}_1$ 能由其余 $m-1$ 个向量 $\boldsymbol{\alpha}_2,\cdots,\boldsymbol{\alpha}_m$

线性表示

D. 向量组 $\boldsymbol{\alpha}_1,\boldsymbol{\alpha}_2,\cdots,\boldsymbol{\alpha}_m(m\geqslant 2)$ 线性无关的充分必要条件是 $\boldsymbol{\alpha}_1$ 不能由其余 $m-1$ 个 $\boldsymbol{\alpha}_2,\cdots,\boldsymbol{\alpha}_m$ 向量线性表示

2. 向量 $\boldsymbol{\beta}$ 能由向量组 $\boldsymbol{\alpha}_1,\boldsymbol{\alpha}_2,\cdots,\boldsymbol{\alpha}_m$ 线性表示，则(　　)

A. 存在不全为零的数 $k_1,k_2,\cdots,k_m$，使得 $k_1\boldsymbol{\alpha}_1+k_2\boldsymbol{\alpha}_2+\cdots+k_m\boldsymbol{\alpha}_m=\mathbf{0}$

B. 存在全为零的数 $k_1,k_2,\cdots,k_m$，使得 $k_1\boldsymbol{\alpha}_1+k_2\boldsymbol{\alpha}_2+\cdots+k_m\boldsymbol{\alpha}_m=\mathbf{0}$

C. 对 $\boldsymbol{\beta}$ 的表示式不唯一

D. 向量组 $\boldsymbol{\alpha}_1,\boldsymbol{\alpha}_2,\cdots,\boldsymbol{\alpha}_m,\boldsymbol{\beta}$ 线性相关

3. 向量组 $\boldsymbol{\alpha}_1,\boldsymbol{\alpha}_2,\cdots,\boldsymbol{\alpha}_m$ 线性相关的充分必要条件是(　　)

A. $\boldsymbol{\alpha}_1,\boldsymbol{\alpha}_2,\cdots,\boldsymbol{\alpha}_m$ 中有一零向量

B. $\boldsymbol{\alpha}_1,\boldsymbol{\alpha}_2,\cdots,\boldsymbol{\alpha}_m$ 中任意两个向量的分量对应成比例

C. $\boldsymbol{\alpha}_1,\boldsymbol{\alpha}_2,\cdots,\boldsymbol{\alpha}_m$ 中有一个向量是其余向量的线性组合

D. $\boldsymbol{\alpha}_1,\boldsymbol{\alpha}_2,\cdots,\boldsymbol{\alpha}_m$ 中任意一个向量都是其余向量的线性组合

4. n 维向量组 $\boldsymbol{\alpha}_1,\boldsymbol{\alpha}_2,\cdots,\boldsymbol{\alpha}_m$ 线性无关的充分必要条件是(　　)

A. $\boldsymbol{\alpha}_1,\boldsymbol{\alpha}_2,\cdots,\boldsymbol{\alpha}_m$ 均不是零向量

B. $\boldsymbol{\alpha}_1,\boldsymbol{\alpha}_2,\cdots,\boldsymbol{\alpha}_m$ 中任意两个向量的分量对应不成比例

C. 向量组所含向量的个数 $m\leqslant n$

D. 某向量 $\boldsymbol{\beta}$ 可由向量组 $\boldsymbol{\alpha}_1,\boldsymbol{\alpha}_2,\cdots,\boldsymbol{\alpha}_m$ 线性表示，且表示式不唯一

5. 已知向量组 $\boldsymbol{\alpha}_1,\boldsymbol{\alpha}_2,\boldsymbol{\alpha}_3,\boldsymbol{\alpha}_4$ 线性无关，则向量组(　　)

A. $\boldsymbol{\alpha}_1+\boldsymbol{\alpha}_2,\boldsymbol{\alpha}_2+\boldsymbol{\alpha}_3,\boldsymbol{\alpha}_3+\boldsymbol{\alpha}_4,\boldsymbol{\alpha}_4+\boldsymbol{\alpha}_1$ 线性无关

B. $\boldsymbol{\alpha}_1-\boldsymbol{\alpha}_2,\boldsymbol{\alpha}_2-\boldsymbol{\alpha}_3,\boldsymbol{\alpha}_3-\boldsymbol{\alpha}_4,\boldsymbol{\alpha}_4-\boldsymbol{\alpha}_1$ 线性无关

C. $\boldsymbol{\alpha}_1+\boldsymbol{\alpha}_2,\boldsymbol{\alpha}_2+\boldsymbol{\alpha}_3,\boldsymbol{\alpha}_3+\boldsymbol{\alpha}_4,\boldsymbol{\alpha}_4-\boldsymbol{\alpha}_1$ 线性无关

D. $\boldsymbol{\alpha}_1+\boldsymbol{\alpha}_2,\boldsymbol{\alpha}_2+\boldsymbol{\alpha}_3,\boldsymbol{\alpha}_3-\boldsymbol{\alpha}_4,\boldsymbol{\alpha}_4-\boldsymbol{\alpha}_1$ 线性无关

6. 设 $\boldsymbol{\alpha}_1=(1,0,0,k_1)^{\mathrm{T}},\boldsymbol{\alpha}_2=(1,2,0,k_2)^{\mathrm{T}},\boldsymbol{\alpha}_3=(1,2,3,k_3)^{\mathrm{T}},\boldsymbol{\alpha}_4=(1,1,1,k_4)^{\mathrm{T}}$，其中 k_1,k_2,k_3,k_4 为任意常数，则(　　)

A. $\boldsymbol{\alpha}_1,\boldsymbol{\alpha}_2,\boldsymbol{\alpha}_3$ 线性相关　　B. $\boldsymbol{\alpha}_1,\boldsymbol{\alpha}_2,\boldsymbol{\alpha}_3$ 线性无关

C. $\boldsymbol{\alpha}_1,\boldsymbol{\alpha}_2,\boldsymbol{\alpha}_4$ 线性相关　　D. $\boldsymbol{\alpha}_1,\boldsymbol{\alpha}_2,\boldsymbol{\alpha}_4$ 线性无关

7. 若向量组 $\boldsymbol{\alpha}_1,\boldsymbol{\alpha}_2,\cdots,\boldsymbol{\alpha}_m$ 的秩为 r，则(　　)

A. $r<m$

B. 向量组中任意小于 r 个向量的部分组线性无关

C. 向量组中任意 r 个向量线性无关

D. 向量组中任意 $r+1$ 个向量必定线性相关

8. 设向量 $\boldsymbol{\alpha}=\boldsymbol{\alpha}_1+\boldsymbol{\alpha}_2+\cdots+\boldsymbol{\alpha}_m(m>1)$，而 $\boldsymbol{\beta}_1=\boldsymbol{\alpha}-\boldsymbol{\alpha}_1,\boldsymbol{\beta}_2=\boldsymbol{\alpha}-\boldsymbol{\alpha}_2,\cdots,\boldsymbol{\beta}_m=\boldsymbol{\alpha}-\boldsymbol{\alpha}_m$，则(　　)

A. $R(\boldsymbol{\alpha}_1,\boldsymbol{\alpha}_2,\cdots,\boldsymbol{\alpha}_m)=R(\boldsymbol{\beta}_1,\boldsymbol{\beta}_2,\cdots,\boldsymbol{\beta}_m)$

B. $R(\boldsymbol{\alpha}_1,\boldsymbol{\alpha}_2,\cdots,\boldsymbol{\alpha}_m) > R(\boldsymbol{\beta}_1,\boldsymbol{\beta}_2,\cdots,\boldsymbol{\beta}_m)$

C. $R(\boldsymbol{\alpha}_1,\boldsymbol{\alpha}_2,\cdots,\boldsymbol{\alpha}_m) < R(\boldsymbol{\beta}_1,\boldsymbol{\beta}_2,\cdots,\boldsymbol{\beta}_m)$

D. 不能确定 $R(\boldsymbol{\alpha}_1,\boldsymbol{\alpha}_2,\cdots,\boldsymbol{\alpha}_m)$ 与 $R(\boldsymbol{\beta}_1,\boldsymbol{\beta}_2,\cdots,\boldsymbol{\beta}_m)$ 的大小关系

9. 设有 n 阶方阵 $\boldsymbol{A}$，$R(\boldsymbol{A})=r<n$，则在 $\boldsymbol{A}$ 的 n 个行向量中(　　)

A. 必有 r 个行向量线性无关

B. 任意 r 个行向量线性无关

C. 任意 r 个行向量都是 $\boldsymbol{A}$ 的行向量组的最大无关组

D. 任意一个行向量都可以由其余 $r-1$ 个行向量线性表示

10. 设有 n 阶方阵 $\boldsymbol{A}$，$R(\boldsymbol{A})=n-3$，且 $\boldsymbol{\alpha}_1,\boldsymbol{\alpha}_2,\boldsymbol{\alpha}_3$ 是 $\boldsymbol{Ax}=\boldsymbol{0}$ 的三个线性无关的解，则 $\boldsymbol{Ax}=\boldsymbol{0}$ 的基础解系为(　　)

A. $\boldsymbol{\alpha}_1+\boldsymbol{\alpha}_2,\boldsymbol{\alpha}_2+\boldsymbol{\alpha}_3,\boldsymbol{\alpha}_3+\boldsymbol{\alpha}_1$

B. $\boldsymbol{\alpha}_2-\boldsymbol{\alpha}_1,\boldsymbol{\alpha}_3-\boldsymbol{\alpha}_2,\boldsymbol{\alpha}_1-\boldsymbol{\alpha}_3$

C. $2\boldsymbol{\alpha}_2-\boldsymbol{\alpha}_1,\frac{1}{2}\boldsymbol{\alpha}_3-\boldsymbol{\alpha}_2,\boldsymbol{\alpha}_1-\boldsymbol{\alpha}_3$

D. $\boldsymbol{\alpha}_1+\boldsymbol{\alpha}_2+\boldsymbol{\alpha}_3,\boldsymbol{\alpha}_3-\boldsymbol{\alpha}_2,-\boldsymbol{\alpha}_1-2\boldsymbol{\alpha}_3$

3.5　验收测试题答案

一、填空题

1. $\left(-\frac{7}{3},-\frac{5}{3},-4,-6\right)^{\mathrm{T}}$　2. -8　3. $k\neq 0,-3$　4. $\frac{1}{4}$　5. 2　6. 1　7. 1　8. 2　9. 7　10. $-2,3$

二、选择题

1. A　2. D　3. C　4. D　5. C　6. B　7. D　8. A　9. A　10. A

第 4 章 相似矩阵

4.1 内容提要

1. 向量内积

定义 1 设有 n 维向量 $\boldsymbol{x}=\begin{pmatrix}x_1\\x_2\\\vdots\\x_n\end{pmatrix},\boldsymbol{y}=\begin{pmatrix}y_1\\y_2\\\vdots\\y_n\end{pmatrix}$,令

$$[\boldsymbol{x},\boldsymbol{y}]=x_1y_1+x_2y_2+\cdots+x_ny_n$$

$[\boldsymbol{x},\boldsymbol{y}]$ 称为向量 $\boldsymbol{x}$ 与 $\boldsymbol{y}$ 的内积.

易知,$[\boldsymbol{x},\boldsymbol{y}]=\boldsymbol{x}^{\mathrm{T}}\boldsymbol{y}$.

内积具有下列运算性质:

(1) $[\boldsymbol{x},\boldsymbol{y}]=[\boldsymbol{y},\boldsymbol{x}]$;

(2) $[\lambda\boldsymbol{x},\boldsymbol{y}]=\lambda[\boldsymbol{x},\boldsymbol{y}]$;

(3) $[\boldsymbol{x}+\boldsymbol{y},\boldsymbol{z}]=[\boldsymbol{x},\boldsymbol{z}]+[\boldsymbol{y},\boldsymbol{z}]$;

(4) $[\boldsymbol{x},\boldsymbol{x}]\geqslant 0$,当且仅当,$\boldsymbol{x}=0$ 时,$[\boldsymbol{x},\boldsymbol{x}]=0$.

其中 $\boldsymbol{x},\boldsymbol{y},\boldsymbol{z}$ 是向量,λ 为实数.

施瓦茨(Schwarz) 不等式

$$[\boldsymbol{x},\boldsymbol{y}]^2\leqslant[\boldsymbol{x},\boldsymbol{x}]\cdot[\boldsymbol{y},\boldsymbol{y}]$$

非负实数 $\|\boldsymbol{x}\|=\sqrt{[\boldsymbol{x},\boldsymbol{x}]}=\sqrt{x_1^2+x_2^2+\cdots+x_n^2}$ 称为 n 维向量 $\boldsymbol{x}$ 的长度(范数).

向量的长度具有性质:

(1) 非负性:$\|\boldsymbol{x}\|\geqslant 0$,当且仅当 $\boldsymbol{x}=0$ 时,$\|\boldsymbol{x}\|=0$;

(2) 齐次性:$\|\lambda\boldsymbol{x}\|=|\lambda|\,\|\boldsymbol{x}\|$;

(3) 三角不等式:$\|\boldsymbol{x}+\boldsymbol{y}\|\leqslant\|\boldsymbol{x}\|+\|\boldsymbol{y}\|$.

长为 1 的向量称为单位向量. 若向量 $\boldsymbol{x}\neq\boldsymbol{0}$, 则 $\frac{1}{\|\boldsymbol{x}\|}\boldsymbol{x}$ 是单位向量.

向量的夹角：

$$\theta=\arccos\frac{[\boldsymbol{x},\boldsymbol{y}]}{\|\boldsymbol{x}\|\cdot\|\boldsymbol{y}\|}$$

称为 n 维向量 $\boldsymbol{x}$ 与 $\boldsymbol{y}$ 的夹角.

2. 向量的正交性

正交向量组：一组两两正交的非零向量组,称为正交向量组.

把基 $\boldsymbol{a}_1,\boldsymbol{a}_2,\cdots,\boldsymbol{a}_r$ 正交规范化方法(施密特(Schmidt) 正交化方法)：

正交化：

取

$$\boldsymbol{b}_1=\boldsymbol{a}_1;$$

$$\boldsymbol{b}_2=\boldsymbol{a}_2-\frac{[\boldsymbol{b}_1,\boldsymbol{a}_2]}{[\boldsymbol{b}_1,\boldsymbol{b}_1]}\boldsymbol{b}_1;$$

$$\boldsymbol{b}_3=\boldsymbol{a}_3-\frac{[\boldsymbol{b}_1,\boldsymbol{a}_3]}{[\boldsymbol{b}_1,\boldsymbol{b}_1]}\boldsymbol{b}_1-\frac{[\boldsymbol{b}_2,\boldsymbol{a}_3]}{[\boldsymbol{b}_2,\boldsymbol{b}_2]}\boldsymbol{b}_2;$$

$$\vdots$$

$$\boldsymbol{b}_r=\boldsymbol{a}_r-\frac{[\boldsymbol{b}_1,\boldsymbol{a}_r]}{[\boldsymbol{b}_1,\boldsymbol{b}_1]}\boldsymbol{b}_1-\frac{[\boldsymbol{b}_2,\boldsymbol{a}_r]}{[\boldsymbol{b}_2,\boldsymbol{b}_2]}\boldsymbol{b}_2-\cdots-\frac{[\boldsymbol{b}_{r-1},\boldsymbol{a}_r]}{[\boldsymbol{b}_{r-1},\boldsymbol{b}_{r-1}]}\boldsymbol{b}_{r-1}$$

单位化：

取 $\boldsymbol{e}_1=\frac{1}{\|\boldsymbol{b}_1\|}\boldsymbol{b}_1,\boldsymbol{e}_2=\frac{1}{\|\boldsymbol{b}_2\|}\boldsymbol{b}_2,\cdots,\boldsymbol{e}_r=\frac{1}{\|\boldsymbol{b}_r\|}\boldsymbol{b}_r$.

于是,$\boldsymbol{e}_1,\boldsymbol{e}_2,\cdots,\boldsymbol{e}_r$ 是规范正交向量组,且与 $\boldsymbol{a}_1,\boldsymbol{a}_2,\cdots,\boldsymbol{a}_r$ 等价.

定义 2 设 n 维向量 $\boldsymbol{e}_1,\boldsymbol{e}_2,\cdots,\boldsymbol{e}_r$ 是向量空间 V 的一个基, 如果向量组 $\boldsymbol{e}_1,\boldsymbol{e}_2,\cdots,\boldsymbol{e}_r$ 为规范正交向量组,则称 $\boldsymbol{e}_1,\boldsymbol{e}_2,\cdots,\boldsymbol{e}_r$ 是 V 的一个规范正交基.

3. 正交矩阵

定义 3 如果 n 阶矩阵 $\boldsymbol{A}$ 满足 $\boldsymbol{A}^{\mathrm{T}}\boldsymbol{A}=\boldsymbol{E}$,那么称 $\boldsymbol{A}$ 为正交矩阵.

定理 1 n 阶矩阵 $\boldsymbol{A}$ 为正交矩阵的充分必要条件是 $\boldsymbol{A}$ 的列(行) 向量组是规范正交向量组.

定义 4 若 $\boldsymbol{P}$ 为正交矩阵,则线性变换 $\boldsymbol{y}=\boldsymbol{P}\boldsymbol{x}$ 称为正交变换.

4. 特征值与特征向量

设 $\boldsymbol{A}$ 是 n 阶矩阵,如果数 λ_0 和 n 维非零列向量 $\boldsymbol{p}$ 使得

$$\boldsymbol{A}\boldsymbol{p}=\lambda_0\boldsymbol{p}\tag{1}$$

那么数 λ_0 称为方阵 $\boldsymbol{A}$ 的特征值,非零向量 $\boldsymbol{p}$ 称为 $\boldsymbol{A}$ 的对于特征值 λ_0 的特征向量.

行列式 $|\boldsymbol{A}-\lambda\boldsymbol{E}|=\begin{vmatrix}a_{11}-\lambda & a_{12} & \cdots & a_{1n}\\ a_{21} & a_{22}-\lambda & \cdots & a_{2n}\\ \vdots & \vdots & & \vdots\\ a_{n1} & a_{n2} & \cdots & a_{nn}-\lambda\end{vmatrix}$ 是 λ 的 m 次多项式,称为方阵 $\boldsymbol{A}$

的特征多项式.

方程 $|\boldsymbol{A}-\lambda\boldsymbol{E}|=0$ 称为 n 阶矩阵 $\boldsymbol{A}$ 的特征方程.

式(1) 也可写成

$$(\boldsymbol{A}-\lambda_0\boldsymbol{E})\boldsymbol{p}=\boldsymbol{0} \tag{2}$$

于是,矩阵 $\boldsymbol{A}$ 的特征值 λ_0 是它的特征方程 $|\boldsymbol{A}-\lambda\boldsymbol{E}|=0$ 的根, λ_0 的特征向量 $\boldsymbol{p}$ 是齐次线性方程组 $(\boldsymbol{A}-\lambda_0\boldsymbol{E})\boldsymbol{x}=\boldsymbol{0}$ 的非零解.

5. 特征值与特征向量的求法

求 n 阶方阵 $\boldsymbol{A}$ 的特征值与特征向量的方法:

(1) 求出矩阵 $\boldsymbol{A}$ 的特征多项式, 即计算行列式 $|\boldsymbol{A}-\lambda\boldsymbol{E}|$;

(2) 特征方程 $|\boldsymbol{A}-\lambda\boldsymbol{E}|=0$ 的解(根) $\lambda_1,\lambda_2,\cdots,\lambda_n$ 就是 $\boldsymbol{A}$ 的特征值;

(3) 解齐次线性方程组 $(\boldsymbol{A}-\lambda_i\boldsymbol{E})\boldsymbol{x}=\boldsymbol{0}$, 它的非零解都是特征值 λ_i 的特征向量.

6. 相似矩阵的概念及性质

相似矩阵的概念:

设 $\boldsymbol{A},\boldsymbol{B}$ 都是 n 阶矩阵,若有可逆矩阵 $\boldsymbol{P}$,使 $\boldsymbol{P}^{-1}\boldsymbol{A}\boldsymbol{P}=\boldsymbol{B}$, 则称矩阵 $\boldsymbol{A}$ 与 $\boldsymbol{B}$ 相似,可逆矩阵 $\boldsymbol{P}$ 称为把 $\boldsymbol{A}$ 变成 $\boldsymbol{B}$ 的相似变换矩阵.

相似矩阵有相同的行列式,相同的秩.

相似矩阵的性质:

若 n 阶矩阵 $\boldsymbol{A}$ 与 $\boldsymbol{B}$ 相似,则 $\boldsymbol{A}$ 与 $\boldsymbol{B}$ 的特征多项式相同,从而 $\boldsymbol{A}$ 与 $\boldsymbol{B}$ 的特征值也相同.

定理 2　若 n 阶矩阵 $\boldsymbol{A}$ 与 $\boldsymbol{B}$ 相似,则 $\boldsymbol{A}$ 与 $\boldsymbol{B}$ 的特征多项式相同,从而 $\boldsymbol{A}$ 与 $\boldsymbol{B}$ 的特征值也相同.

推论　若 n 阶矩阵 $\boldsymbol{A}$ 与对角矩阵 $\boldsymbol{\Lambda}=\begin{pmatrix}\lambda_1 & & & \\ & \lambda_2 & & \\ & & \ddots & \\ & & & \lambda_n\end{pmatrix}$ 相似,则 $\lambda_1,\lambda_2,\cdots,\lambda_n$ 也就是 $\boldsymbol{A}$ 的 n 个特征值.

n 阶矩阵 $\boldsymbol{A}$ 与对角矩阵相似的充分必要条件是: $\boldsymbol{A}$ 有 n 个线性无关的特征向量.

推论　如果 n 阶矩阵 $\boldsymbol{A}$ 的特征值互不相等,则 $\boldsymbol{A}$ 与对角矩阵相似.

7. 实对称矩阵的正交化

定理 3　实对称矩阵的特征值为实数.

定理 4　设 λ_1,λ_2 是实对称矩阵 $\boldsymbol{A}$ 的两个特征值, $\boldsymbol{p}_1,\boldsymbol{p}_2$ 依次是它们对应的特征向量. 若 $\lambda_1\neq\lambda_2$, 则 $\boldsymbol{p}_1$ 与 $\boldsymbol{p}_2$ 正交.

定理 5　设 $\boldsymbol{A}$ 为 n 阶对称矩阵, λ 是 $\boldsymbol{A}$ 的特征方程的 r 重根, 则矩阵 $\boldsymbol{A}-\lambda\boldsymbol{E}$ 的秩 $R(\boldsymbol{A}-\lambda\boldsymbol{E})=n-r$,从而特征值 λ 恰有 r 个线性无关的特征向量.

定理 6　设 $\boldsymbol{A}$ 为 n 阶对称矩阵,则必有正交矩阵 $\boldsymbol{P}$,使 $\boldsymbol{P}^{-1}\boldsymbol{A}\boldsymbol{P}=\boldsymbol{\Lambda}$,其中 $\boldsymbol{\Lambda}$ 是以 $\boldsymbol{A}$ 的 n 个特征值为对角元素的对角矩阵.

8. 实对称矩阵的对角化方法

设方阵 $\boldsymbol{A}$，求正交矩阵 $\boldsymbol{P}$，使 $\boldsymbol{P}^{-1}\boldsymbol{A}\boldsymbol{P}=\boldsymbol{\Lambda}$（$\boldsymbol{\Lambda}$ 为对角阵）的具体方法：

第一步，利用 $\boldsymbol{A}$ 的特征多项式，求 $\boldsymbol{A}$ 的特征值；

第二步，根据特征值，求特征向量；

第三步，根据特征向量找到正交矩阵.

4.2 典型题精解

1. 求特征值与特征向量

例 1 求 $A=\begin{pmatrix}1&2&2\\2&1&2\\2&2&1\end{pmatrix}$ 的特征值与特征向量.

解

$$\varphi(\lambda)=\begin{vmatrix}1-\lambda&2&2\\2&1-\lambda&2\\2&2&1-\lambda\end{vmatrix}=(5-\lambda)(\lambda+1)^2$$

$$\varphi(\lambda)=0\Rightarrow\lambda_1=5,\lambda_2=\lambda_3=-1$$

求 $\lambda_1=5$ 的特征向量：

$$\boldsymbol{A}-5\boldsymbol{E}=\begin{pmatrix}-4&2&2\\2&-4&2\\2&2&-4\end{pmatrix}\xrightarrow{\text{行}}\begin{pmatrix}1&0&-1\\0&1&-1\\0&0&0\end{pmatrix},\quad \boldsymbol{p}_1=\begin{pmatrix}1\\1\\1\end{pmatrix}$$

$$\boldsymbol{x}=k_1\boldsymbol{p}_1\quad(k_1\neq 0)$$

求 $\lambda_2=\lambda_3=-1$ 的特征向量：

$$\boldsymbol{A}-(-1)\boldsymbol{E}=\begin{pmatrix}2&2&2\\2&2&2\\2&2&2\end{pmatrix}\xrightarrow{\text{行}}\begin{pmatrix}1&1&1\\0&0&0\\0&0&0\end{pmatrix},\ \boldsymbol{p}_2=\begin{pmatrix}-1\\1\\0\end{pmatrix},\ \boldsymbol{p}_3=\begin{pmatrix}-1\\0\\1\end{pmatrix}$$

$$\boldsymbol{x}=k_2\boldsymbol{p}_2+k_3\boldsymbol{p}_3\quad(k_2,k_3\text{ 不同时为 }0)$$

例 2 设 $\boldsymbol{A}_{3\times3}$ 的特征值为 $\lambda_1=1,\lambda_2=2,\lambda_3=-3$，求 $|\boldsymbol{A}^3-3\boldsymbol{A}+\boldsymbol{E}|$.

解 设 $f(t)=t^3-3t+1$，则 $f(\boldsymbol{A})=\boldsymbol{A}^3-3\boldsymbol{A}+\boldsymbol{E}$ 的特征值为

$$f(\lambda_1)=-1,\quad f(\lambda_2)=3,\quad f(\lambda_3)=-17$$

故

$$|\boldsymbol{A}^3-3\boldsymbol{A}+\boldsymbol{E}|=(-1)\cdot 3\cdot(-17)=51$$

[注] 一般结论：若 $\boldsymbol{A}$ 的全体特征值为 $\lambda_1,\lambda_2,\cdots,\lambda_n$，则 $f(\boldsymbol{A})$ 的全体特征值为 $f(\lambda_1)$，$f(\lambda_2),\cdots,f(\lambda_n)$.

2. 矩阵对角化

例 3 判断下列矩阵可否对角化：

(1)$\boldsymbol{A}=\begin{pmatrix}0&1&0\\0&0&1\\-6&-11&-6\end{pmatrix}$，　(2)$\boldsymbol{A}=\begin{pmatrix}1&2&2\\2&1&2\\2&2&1\end{pmatrix}$.

解　(1)$\varphi(\lambda)=-(\lambda+1)(\lambda+2)(\lambda+3)$

$\boldsymbol{A}$ 有 3 个互异特征值 $\Rightarrow \boldsymbol{A}$ 可对角化

对应于 $\lambda_1=-1,\lambda_2=-2,\lambda_3=-3$ 的特征向量依次为

$$\boldsymbol{p}_1=\begin{pmatrix}1\\-1\\1\end{pmatrix},\quad \boldsymbol{p}_2=\begin{pmatrix}1\\-2\\4\end{pmatrix},\quad \boldsymbol{p}_3=\begin{pmatrix}1\\-3\\9\end{pmatrix}$$

构造矩阵

$$\boldsymbol{P}=\begin{pmatrix}1&1&1\\-1&-2&-3\\1&4&9\end{pmatrix},\quad \boldsymbol{\Lambda}=\begin{pmatrix}-1&&\\&-2&\\&&-3\end{pmatrix}$$

则有 $\boldsymbol{P}^{-1}\boldsymbol{A}\boldsymbol{P}=\boldsymbol{\Lambda}$.

(2)$\varphi(\lambda)=-(\lambda-5)(\lambda+1)^2$

例 1 求得 $\boldsymbol{A}$ 有 3 个线性无关的特征向量 $\Rightarrow \boldsymbol{A}$ 可对角化

对应于 $\lambda_1=5,\lambda_2=\lambda_3=-1$ 的特征向量依次为

$$\boldsymbol{p}_1=\begin{pmatrix}1\\1\\1\end{pmatrix},\quad \boldsymbol{p}_2=\begin{pmatrix}-1\\1\\0\end{pmatrix},\quad \boldsymbol{p}_3=\begin{pmatrix}-1\\0\\1\end{pmatrix}$$

构造矩阵

$$\boldsymbol{P}=\begin{pmatrix}1&-1&-1\\1&1&0\\1&0&1\end{pmatrix},\quad \boldsymbol{\Lambda}=\begin{pmatrix}5&&\\&-1&\\&&-1\end{pmatrix}$$

则有 $\boldsymbol{P}^{-1}\boldsymbol{A}\boldsymbol{P}=\boldsymbol{\Lambda}$.

例 4　设 $\boldsymbol{A}=\begin{pmatrix}1&2&2\\2&1&2\\2&2&1\end{pmatrix}$，求 $\boldsymbol{A}^k(k=2,3,\cdots)$.

解　例 1 求得 $\boldsymbol{P}=\begin{pmatrix}1&-1&-1\\1&1&0\\1&0&1\end{pmatrix}$，$\boldsymbol{\Lambda}=\begin{pmatrix}5&&\\&-1&\\&&-1\end{pmatrix}$，使得

$$\boldsymbol{P}^{-1}\boldsymbol{A}\boldsymbol{P}=\boldsymbol{\Lambda}:\boldsymbol{A}=\boldsymbol{P}\boldsymbol{\Lambda}\boldsymbol{P}^{-1},\quad \boldsymbol{A}^k=\boldsymbol{P}\boldsymbol{\Lambda}^k\boldsymbol{P}^{-1}$$

故

$$\boldsymbol{A}^k=\begin{pmatrix}1&-1&-1\\1&1&0\\1&0&1\end{pmatrix}\cdot\begin{pmatrix}5^k&&\\&(-1)^k&\\&&(-1)^k\end{pmatrix}\cdot\frac{1}{3}\begin{pmatrix}1&1&1\\-1&2&-1\\-1&-1&2\end{pmatrix}$$

$$=\frac{1}{3}\begin{pmatrix}5^k+2\delta & 5^k-\delta & 5^k-\delta\\ 5^k-\delta & 5^k+2\delta & 5^k-\delta\\ 5^k-\delta & 5^k-\delta & 5^k+2\delta\end{pmatrix}\quad (\delta=(-1)^k)$$

3. 求正交矩阵

例 5 对下列矩阵 $\boldsymbol{A}$，求正交矩阵 $\boldsymbol{Q}$，使得 $\boldsymbol{Q}^{\mathrm{T}}\boldsymbol{A}\boldsymbol{Q}=\boldsymbol{\Lambda}$：

$$(1)\boldsymbol{A}=\begin{pmatrix}1&0&1\\0&1&1\\1&1&2\end{pmatrix},\quad (2)\boldsymbol{A}=\begin{pmatrix}1&2&2\\2&1&2\\2&2&1\end{pmatrix}.$$

解 (1)$\varphi(\lambda)=-\lambda(\lambda-1)(\lambda-3)$

对应于特征值 $\lambda_1=0,\lambda_2=1,\lambda_3=3$ 的特征向量依次为

$$\boldsymbol{p}_1=\begin{pmatrix}-1\\-1\\1\end{pmatrix},\quad \boldsymbol{p}_2=\begin{pmatrix}-1\\1\\0\end{pmatrix},\quad \boldsymbol{p}_3=\begin{pmatrix}1\\1\\2\end{pmatrix}$$

构造正交矩阵 $\boldsymbol{Q}$ 和对角矩阵 $\boldsymbol{\Lambda}$：

$$\boldsymbol{Q}=\begin{pmatrix}-1/\sqrt{3} & -1/\sqrt{2} & 1/\sqrt{6}\\ -1/\sqrt{3} & 1/\sqrt{2} & 1/\sqrt{6}\\ 1/\sqrt{3} & 0 & 2/\sqrt{6}\end{pmatrix},\quad \boldsymbol{\Lambda}=\begin{pmatrix}0&&\\&1&\\&&3\end{pmatrix}$$

则有 $\boldsymbol{Q}^{\mathrm{T}}\boldsymbol{A}\boldsymbol{Q}=\boldsymbol{\Lambda}$.

(2)$\varphi(\lambda)=-(\lambda-5)(\lambda+1)^2$，属于 $\lambda_1=5$ 的特征向量为 $\boldsymbol{p}_1=\begin{pmatrix}1\\1\\1\end{pmatrix}$.

求属于 $\lambda_2=\lambda_3=-1$ 的两个特征向量(凑正交)：

$$\boldsymbol{A}-(-1)\boldsymbol{E}=\begin{pmatrix}2&2&2\\2&2&2\\2&2&2\end{pmatrix}\xrightarrow{\text{行}}\begin{pmatrix}1&1&1\\0&0&0\\0&0&0\end{pmatrix},\quad \boldsymbol{p}_2=\begin{pmatrix}-1\\1\\0\end{pmatrix},\quad \boldsymbol{p}_3=\begin{pmatrix}1\\1\\-2\end{pmatrix}$$

构造正交矩阵 $\boldsymbol{Q}$ 和对角矩阵 $\boldsymbol{\Lambda}$：

$$\boldsymbol{Q}=\begin{pmatrix}1/\sqrt{3} & -1/\sqrt{2} & 1/\sqrt{6}\\ 1/\sqrt{3} & 1/\sqrt{2} & 1/\sqrt{6}\\ 1/\sqrt{3} & 0 & -2/\sqrt{6}\end{pmatrix},\quad \boldsymbol{\Lambda}=\begin{pmatrix}5&&\\&-1&\\&&-1\end{pmatrix}$$

则有 $\boldsymbol{Q}^{\mathrm{T}}\boldsymbol{A}\boldsymbol{Q}=\boldsymbol{\Lambda}$.

4. 相似矩阵

例 6 已知$\boldsymbol{A}=\begin{pmatrix}1&-1&1\\x&4&y\\-3&-3&5\end{pmatrix}$可对角化，$\lambda=2$ 是 $\boldsymbol{A}$ 的 2 重特征值，求可逆矩阵 $\boldsymbol{P}$，使

得 $\boldsymbol{P}^{-1}\boldsymbol{A}\boldsymbol{P}=\boldsymbol{\Lambda}$.

解

$$\boldsymbol{A}-2\boldsymbol{E}=\begin{pmatrix}-1&-1&1\\x&2&y\\-3&-3&3\end{pmatrix}\xrightarrow{\text{行}}\begin{pmatrix}-1&-1&1\\0&2-x&x+y\\0&0&0\end{pmatrix}$$

$\boldsymbol{A}$ 可对角化 $\Rightarrow$ 对应 $\lambda=2$ 有两个线性无关的特征向量 $\Rightarrow R(\boldsymbol{A}-2\boldsymbol{E})=1\Rightarrow x=2,y=-2$.

设 $\lambda_1=\lambda_2=2$，则有

$$\operatorname{tr}\boldsymbol{A}=\lambda_1+\lambda_2+\lambda_3\Rightarrow 10=4+\lambda_3\Rightarrow\lambda_3=6$$

此时

$$\boldsymbol{A}=\begin{pmatrix}1&-1&1\\2&4&-2\\-3&-3&5\end{pmatrix},\quad\boldsymbol{\Lambda}=\begin{pmatrix}2&&\\&2&\\&&6\end{pmatrix}$$

求得

$$\boldsymbol{p}_1=\begin{pmatrix}-1\\1\\0\end{pmatrix},\quad\boldsymbol{p}_2=\begin{pmatrix}1\\0\\1\end{pmatrix},\quad\boldsymbol{p}_3=\begin{pmatrix}1\\-2\\3\end{pmatrix}$$

令 $\boldsymbol{P}=\begin{pmatrix}-1&1&1\\1&0&-2\\0&1&3\end{pmatrix}$，则有 $\boldsymbol{P}^{-1}\boldsymbol{A}\boldsymbol{P}=\boldsymbol{\Lambda}$.

例 7　已知 $\boldsymbol{A}=\begin{pmatrix}-2&0&0\\2&x&2\\3&1&1\end{pmatrix}$ 相似于 $\boldsymbol{B}=\begin{pmatrix}-1&&\\&2&\\&&y\end{pmatrix}$，求 x 和 y.

解

$$\operatorname{tr}\boldsymbol{A}=\operatorname{tr}\boldsymbol{B}\Rightarrow x-1=y+1\Rightarrow y=x-2$$

$$\det(\boldsymbol{A}-2\boldsymbol{E})=0\Rightarrow 4x=0\Rightarrow x=0$$

故 $x=0,y=-2$.

4.3　教材习题同步解析

习题 4.1 解答

1. 求下列向量的夹角：

(1) $\boldsymbol{\alpha}=(1,0,1)^{\mathrm{T}},\boldsymbol{\beta}=(1,1,0)^{\mathrm{T}}$；

(2) $\boldsymbol{\alpha}=(2,1,2)^{\mathrm{T}},\boldsymbol{\beta}=(1,2,1)^{\mathrm{T}}$.

解　(1) $\cos\theta=\dfrac{[\boldsymbol{\alpha},\boldsymbol{\beta}]}{\|\boldsymbol{\alpha}\|\cdot\|\boldsymbol{\beta}\|}=\dfrac{2\times1+1\times2+2\times1}{\sqrt{4+1+4}\sqrt{1+4+1}}=\dfrac{\sqrt{6}}{3},\theta=\arccos\dfrac{\sqrt{6}}{3}$；

(2) $\cos\theta=\dfrac{[\boldsymbol{\alpha},\boldsymbol{\beta}]}{\|\boldsymbol{\alpha}\|\cdot\|\boldsymbol{\beta}\|}=\dfrac{1\times1+0\times1+1\times0}{\sqrt{2}\cdot\sqrt{2}}=\dfrac{1}{2},\theta=\dfrac{\pi}{3}$.

2. 已知 $\boldsymbol{\alpha}_1=\begin{pmatrix}1\\1\\1\end{pmatrix}$，$\boldsymbol{\alpha}_2=\begin{pmatrix}1\\1\\-2\end{pmatrix}$，求非零向量 $\boldsymbol{\alpha}_3$，使 $\boldsymbol{\alpha}_1,\boldsymbol{\alpha}_2,\boldsymbol{\alpha}_3$ 成为正交向量组.

解 设 $\boldsymbol{\alpha}_3=\begin{pmatrix}x_1\\x_2\\x_3\end{pmatrix}$，则 $\boldsymbol{\alpha}_1^{\mathrm{T}}\boldsymbol{\alpha}_3=0,\boldsymbol{\alpha}_2^{\mathrm{T}}\boldsymbol{\alpha}_3=0$，即

$$\begin{pmatrix}\boldsymbol{\alpha}_1^{\mathrm{T}}\\\boldsymbol{\alpha}_2^{\mathrm{T}}\end{pmatrix}\begin{pmatrix}x_1\\x_2\\x_3\end{pmatrix}=0,\quad \begin{pmatrix}1&1&1\\1&1&-2\end{pmatrix}\begin{pmatrix}x_1\\x_2\\x_3\end{pmatrix}=\begin{pmatrix}0\\0\end{pmatrix}$$

由 $\begin{pmatrix}1&1&1\\1&1&-2\end{pmatrix}\begin{pmatrix}1&1&1\\0&0&-3\end{pmatrix}\begin{pmatrix}1&1&0\\0&0&1\end{pmatrix}$，得 $\begin{cases}x_1=-x_2\\x_3=0\end{cases}$，从而有基础解系 $\begin{pmatrix}-1\\1\\0\end{pmatrix}$，取 $\boldsymbol{\alpha}_3=\begin{pmatrix}-1\\1\\0\end{pmatrix}$ 即可.

3. 已知 $\boldsymbol{\alpha}_1=\begin{pmatrix}1\\1\\1\end{pmatrix}$，求一组非零向量 $\boldsymbol{\alpha}_2,\boldsymbol{\alpha}_3$，使 $\boldsymbol{\alpha}_1,\boldsymbol{\alpha}_2,\boldsymbol{\alpha}_3$ 成为正交向量组.

解 $\boldsymbol{\alpha}_2,\boldsymbol{\alpha}_3$ 应满足方程 $\boldsymbol{\alpha}_1^{\mathrm{T}}\boldsymbol{x}=\boldsymbol{0}$，即

$$x_1+x_2+x_3=0$$

它的基础解系为 $\boldsymbol{\xi}_1=\begin{pmatrix}1\\0\\-1\end{pmatrix}$，$\boldsymbol{\xi}_2=\begin{pmatrix}0\\1\\-1\end{pmatrix}$，将基础解系正交化，即得所求. 即取

$$\boldsymbol{\alpha}_2=\boldsymbol{\xi}_1,\quad \boldsymbol{\alpha}_3=\boldsymbol{\xi}_2-\frac{[\boldsymbol{\xi}_1,\boldsymbol{\xi}_2]}{[\boldsymbol{\xi}_1,\boldsymbol{\xi}_1]}\boldsymbol{\xi}_1$$

其中 $[\boldsymbol{\xi}_1,\boldsymbol{\xi}_2]=1,[\boldsymbol{\xi}_1,\boldsymbol{\xi}_1]=2$，于是得

$$\boldsymbol{\alpha}_2=\begin{pmatrix}1\\0\\-1\end{pmatrix},\quad \boldsymbol{\alpha}_3=\begin{pmatrix}0\\1\\-1\end{pmatrix}-\frac{1}{2}\begin{pmatrix}1\\0\\-1\end{pmatrix}=\frac{1}{2}\begin{pmatrix}-1\\2\\-1\end{pmatrix}$$

4. 试用 Schmidt 正交化方法将下列向量组正交化：

(1) $\boldsymbol{\alpha}_1=\begin{pmatrix}1\\1\\1\end{pmatrix}$，$\boldsymbol{\alpha}_2=\begin{pmatrix}0\\1\\1\end{pmatrix}$，$\boldsymbol{\alpha}_3=\begin{pmatrix}0\\0\\1\end{pmatrix}$；

(2) $\boldsymbol{\alpha}_1=\begin{pmatrix}1\\1\\1\end{pmatrix}$，$\boldsymbol{\alpha}_2=\begin{pmatrix}1\\2\\3\end{pmatrix}$，$\boldsymbol{\alpha}_3=\begin{pmatrix}1\\4\\9\end{pmatrix}$.

解　(1) 根据施密特正交化方法：

令

$$\boldsymbol{\beta}_1=\boldsymbol{\alpha}_1=\begin{pmatrix}1\\1\\1\end{pmatrix}$$

$$\boldsymbol{\beta}_2=\boldsymbol{\alpha}_2-\frac{[\boldsymbol{\beta}_1,\boldsymbol{\alpha}_2]}{[\boldsymbol{\beta}_1,\boldsymbol{\beta}_1]}\boldsymbol{\beta}_1=\frac{1}{3}\begin{pmatrix}-2\\1\\1\end{pmatrix}$$

$$\boldsymbol{\beta}_3=\boldsymbol{\alpha}_3-\frac{[\boldsymbol{\beta}_1,\boldsymbol{\alpha}_3]}{[\boldsymbol{\beta}_1,\boldsymbol{\beta}_1]}\boldsymbol{\beta}_1-\frac{[\boldsymbol{\beta}_2,\boldsymbol{\alpha}_3]}{[\boldsymbol{\beta}_2,\boldsymbol{\beta}_2]}\boldsymbol{\beta}_2=\frac{1}{2}\begin{pmatrix}0\\-1\\1\end{pmatrix}$$

(2) 根据施密特正交化方法：

令

$$\boldsymbol{\beta}_1=\boldsymbol{\alpha}_1=\begin{pmatrix}1\\1\\1\end{pmatrix}$$

$$\boldsymbol{\beta}_2=\boldsymbol{\alpha}_2-\frac{[\boldsymbol{\beta}_1,\boldsymbol{\alpha}_2]}{[\boldsymbol{\beta}_1,\boldsymbol{\beta}_1]}\boldsymbol{\beta}_1=\begin{pmatrix}-1\\0\\1\end{pmatrix}$$

$$\boldsymbol{\beta}_3=\boldsymbol{\alpha}_3-\frac{[\boldsymbol{\beta}_1,\boldsymbol{\alpha}_3]}{[\boldsymbol{\beta}_1,\boldsymbol{\beta}_1]}\boldsymbol{\beta}_1-\frac{[\boldsymbol{\beta}_2,\boldsymbol{\alpha}_3]}{[\boldsymbol{\beta}_2,\boldsymbol{\beta}_2]}\boldsymbol{\beta}_2=\frac{1}{3}\begin{pmatrix}1\\-2\\1\end{pmatrix}$$

5. 判断下列矩阵是否为正交阵：

(1) $\begin{pmatrix}1&-\frac{1}{2}&\frac{1}{3}\\-\frac{1}{2}&1&\frac{1}{2}\\\frac{1}{3}&\frac{1}{2}&-1\end{pmatrix}$；　(2) $\begin{pmatrix}\frac{1}{9}&-\frac{8}{9}&-\frac{4}{9}\\-\frac{8}{9}&\frac{1}{9}&-\frac{4}{9}\\-\frac{4}{9}&-\frac{4}{9}&\frac{7}{9}\end{pmatrix}$.

解　(1) 第一个行向量非单位向量，故不是正交阵.

(2) 该方阵每一个行向量均是单位向量，且两两正交，故为正交阵.

6. 设 $\boldsymbol{A}$ 与 $\boldsymbol{B}$ 都是 n 阶正交阵，证明 $\boldsymbol{AB}$ 也是正交阵.

证　因为 $\boldsymbol{A},\boldsymbol{B}$ 是 n 阶正交阵，故

$$\boldsymbol{A}^{-1}=\boldsymbol{A}^{\mathrm{T}},\quad \boldsymbol{B}^{-1}=\boldsymbol{B}^{\mathrm{T}}$$

$$(\boldsymbol{AB})^{\mathrm{T}}(\boldsymbol{AB})=\boldsymbol{B}^{\mathrm{T}}\boldsymbol{A}^{\mathrm{T}}\boldsymbol{AB}=\boldsymbol{B}^{-1}\boldsymbol{A}^{-1}\boldsymbol{AB}=\boldsymbol{E}$$

故 $\boldsymbol{AB}$ 也是正交阵.

习题 4.2 解答

1. 求下列矩阵的特征值和特征向量,并问它们的特征向量是否两两正交?

(1) $\begin{pmatrix}1 & -1\\ 2 & 4\end{pmatrix}$; (2) $\begin{pmatrix}1 & 2 & 3\\ 2 & 1 & 3\\ 3 & 3 & 6\end{pmatrix}$; (3) $\begin{pmatrix}1 & -3 & 3\\ 3 & -5 & 3\\ 6 & -6 & 4\end{pmatrix}$.

解 (1) $|\boldsymbol{A}-\lambda\boldsymbol{E}|=\begin{vmatrix}1-\lambda & -1\\ 2 & 4-\lambda\end{vmatrix}=(\lambda-2)(\lambda-3)$

故 $\boldsymbol{A}$ 的特征值为 $\lambda_1=2,\lambda_2=3$.

当 $\lambda_1=2$ 时,解方程 $(\boldsymbol{A}-2\boldsymbol{E})\boldsymbol{x}=\boldsymbol{0}$,由 $(\boldsymbol{A}-2\boldsymbol{E})=\begin{pmatrix}-1 & -1\\ 2 & 2\end{pmatrix}\sim\begin{pmatrix}1 & 1\\ 0 & 0\end{pmatrix}$ 得基础解系

$\boldsymbol{P}_1=\begin{pmatrix}-1\\ 1\end{pmatrix}$,所以 $k_1\boldsymbol{P}_1(k_1\neq 0)$ 是对应于 $\lambda_1=2$ 的全部特征值向量.

当 $\lambda_2=3$ 时,解方程 $(\boldsymbol{A}-3\boldsymbol{E})\boldsymbol{x}=\boldsymbol{0}$,由 $(\boldsymbol{A}-3\boldsymbol{E})=\begin{pmatrix}-2 & -1\\ 2 & 1\end{pmatrix}\sim\begin{pmatrix}2 & 1\\ 0 & 0\end{pmatrix}$ 得基础解系

$\boldsymbol{P}_2=\begin{pmatrix}-\frac{1}{2}\\ 1\end{pmatrix}$.

所以 $k_2\boldsymbol{P}_2(k_2\neq 0)$ 是对应于 $\lambda_3=3$ 的全部特征向量.

两个特征向量不正交.

(2) $|\boldsymbol{A}-\lambda\boldsymbol{E}|=\begin{vmatrix}1-\lambda & 2 & 3\\ 2 & 1-\lambda & 3\\ 3 & 3 & 6-\lambda\end{vmatrix}=-\lambda(\lambda+1)(\lambda-9)$

故 $\boldsymbol{A}$ 的特征值为 $\lambda_1=0,\lambda_2=-1,\lambda_3=9$.

当 $\lambda_1=0$ 时,解方程 $\boldsymbol{Ax}=\boldsymbol{0}$,由

$$\boldsymbol{A}=\begin{pmatrix}1 & 2 & 3\\ 2 & 1 & 3\\ 3 & 3 & 6\end{pmatrix}\sim\begin{pmatrix}1 & 2 & 3\\ 0 & 1 & 1\\ 0 & 0 & 0\end{pmatrix}$$

得基础解系 $\boldsymbol{P}_1=\begin{pmatrix}-1\\ -1\\ 1\end{pmatrix}$.

故 $k_1\boldsymbol{P}_1(k_1\neq 0)$ 是对应于 $\lambda_1=0$ 的全部特征值向量.

当 $\lambda_2=-1$ 时,解方程 $(\boldsymbol{A}+\boldsymbol{E})\boldsymbol{x}=\boldsymbol{0}$,由

$$\boldsymbol{A}+\boldsymbol{E}=\begin{pmatrix}2 & 2 & 3\\ 2 & 2 & 3\\ 3 & 3 & 7\end{pmatrix}\sim\begin{pmatrix}2 & 2 & 3\\ 0 & 0 & 1\\ 0 & 0 & 0\end{pmatrix}$$

得基础解系 $\boldsymbol{P}_2=\begin{pmatrix}-1\\1\\0\end{pmatrix}$.

故 $k_2\boldsymbol{P}_2(k_2\neq 0)$ 是对应于 $\lambda_2=-1$ 的全部特征值向量.

当 $\lambda_3=9$ 时,解方程 $(\boldsymbol{A}-9\boldsymbol{E})\boldsymbol{x}=\boldsymbol{0}$,由

$$\boldsymbol{A}-9\boldsymbol{E}=\begin{pmatrix}-8&2&3\\2&-8&3\\3&3&-3\end{pmatrix}\sim\begin{pmatrix}1&1&-1\\0&1&-\frac{1}{2}\\0&0&0\end{pmatrix}$$

得基础解系 $\boldsymbol{P}_3=\begin{pmatrix}\frac{1}{2}\\\frac{1}{2}\\1\end{pmatrix}$.

故 $k_3\boldsymbol{P}_3(k_3\neq 0)$ 是对应于 $\lambda_3=9$ 的全部特征值向量.

三个特征向量两两正交.

(3) $|\boldsymbol{A}-\lambda\boldsymbol{E}|=\begin{vmatrix}1-\lambda&-3&3\\3&-5-\lambda&3\\6&-6&4-\lambda\end{vmatrix}=(\lambda+2)^2(\lambda-4)$

故 $\boldsymbol{A}$ 的特征值为 $\lambda_1=\lambda_2=-2,\lambda_3=4$.

当 $\lambda_1=\lambda_2=-2$ 时,解方程 $\boldsymbol{A}\boldsymbol{x}=\boldsymbol{0}$,由

$$\boldsymbol{A}+2\boldsymbol{E}=\begin{pmatrix}1&-3&3\\3&-5&3\\6&-6&4\end{pmatrix}\sim\begin{pmatrix}1&-1&1\\0&0&0\\0&0&0\end{pmatrix}$$

得基础解系

$$\boldsymbol{P}_1=\begin{pmatrix}1\\1\\0\end{pmatrix},\quad \boldsymbol{P}_2=\begin{pmatrix}-1\\0\\1\end{pmatrix}$$

故 $k_1\boldsymbol{P}_1+k_2\boldsymbol{P}_2(k_1\cdot k_2\neq 0)$ 是对应于 $\lambda_1=\lambda_2=-2$ 的全部特征值向量.

当 $\lambda_3=4$ 时,解方程 $(\boldsymbol{A}+\boldsymbol{E})\boldsymbol{x}=\boldsymbol{0}$,由

$$\boldsymbol{A}-4\boldsymbol{E}=\begin{pmatrix}-3&-3&3\\3&-9&3\\6&-6&0\end{pmatrix}\sim\begin{pmatrix}1&-1&0\\0&4&-2\\0&0&0\end{pmatrix}$$

得基础解系 $\boldsymbol{P}_3=\begin{pmatrix}1\\1\\2\end{pmatrix}$.

故 $k_3\boldsymbol{P}_3(k_3\neq 0)$ 是对应于 $\lambda_3=4$ 的全部特征值向量.

三个特征向量不是两两正交.

2. 已知三阶矩阵 $\boldsymbol{A}$ 的特征值为 1,2,3,求 $2\boldsymbol{A},\boldsymbol{A}^{-1},3\boldsymbol{A}-2\boldsymbol{E}$ 的特征值.

解 设 $\boldsymbol{A}$ 的特征值为 λ,

因为 $2\boldsymbol{Ap}=2\lambda\boldsymbol{p}$,所以矩阵 $2\boldsymbol{A}$ 的特征值为 $2\lambda=2,4,6$.

因为 $\boldsymbol{Ap}=\lambda(\boldsymbol{AA}^{-1})\boldsymbol{p}$,以 $\boldsymbol{A}^{-1}$ 左乘等式两端得 $\frac{1}{\lambda}\boldsymbol{p}=\boldsymbol{A}^{-1}\boldsymbol{p}$,于是 $\frac{1}{\lambda}=1,\frac{1}{2},\frac{1}{3}$ 是 $\boldsymbol{A}^{-1}$ 的特征值.

因为 $(3\boldsymbol{A}-2\boldsymbol{E})\boldsymbol{p}=3\boldsymbol{Ap}-2\boldsymbol{Ep}=3\lambda\boldsymbol{p}-2\boldsymbol{p}=(3\lambda-2)\boldsymbol{p}$,得 $3\lambda-2=1,4,7$ 是 $3\boldsymbol{A}-2\boldsymbol{E}$ 的特征值.

3. 已知 $\boldsymbol{\alpha}=\begin{pmatrix}1\\k\\1\end{pmatrix}$ 是 $\boldsymbol{A}=\begin{pmatrix}2&1&1\\1&2&1\\1&1&2\end{pmatrix}$ 的逆矩阵 $\boldsymbol{A}^{-1}$ 的特征向量,求 k.

解 设 λ 是 $\boldsymbol{\alpha}$ 所对应的特征值,则有

$$\boldsymbol{A}^{-1}\boldsymbol{\alpha}=\lambda\boldsymbol{\alpha}$$

$$\boldsymbol{\alpha}=\boldsymbol{A}\lambda\boldsymbol{\alpha}=\lambda\boldsymbol{A\alpha}$$

即

$$\begin{pmatrix}1\\k\\1\end{pmatrix}=\lambda\begin{pmatrix}2&1&1\\1&2&1\\1&1&2\end{pmatrix}\begin{pmatrix}1\\k\\1\end{pmatrix}$$

可得

$$\begin{cases}\lambda(3+k)=1\\\lambda(2+2k)=k\end{cases}$$

解得

$$\begin{cases}\lambda_1=1\\k_1=-2\end{cases}$$

或

$$\begin{cases}\lambda_2=\dfrac{1}{4}\\k_2=1\end{cases}$$

所以当 $k=1$ 或 $k=-2$ 时,$\boldsymbol{\alpha}$ 是 $\boldsymbol{A}^{-1}$ 的特征向量.

4. 已知 0 是矩阵 $\boldsymbol{A}=\begin{pmatrix}1&0&1\\0&2&0\\1&0&a\end{pmatrix}$ 的特征值,求 $\boldsymbol{A}$ 的特征值和特征向量.

解 由 $|\boldsymbol{A}-0\boldsymbol{E}|=\begin{vmatrix}1&0&1\\0&2&0\\1&0&a\end{vmatrix}=2a-2=0$,得 $a=1$,于是 $\boldsymbol{A}=\begin{pmatrix}1&0&1\\0&2&0\\1&0&1\end{pmatrix}$,

解特征方程 $|\boldsymbol{A}-\lambda\boldsymbol{E}|=\begin{vmatrix}1-\lambda & 0 & 1\\ 0 & 2-\lambda & 0\\ 1 & 0 & 1-\lambda\end{vmatrix}=-\lambda(\lambda-2)^2=0$，得特征值 $\lambda_1=\lambda_2=2,\lambda_3=0$.

当 $\lambda_1=\lambda_2=2$ 时，解方程组 $\begin{pmatrix}-1 & 0 & 1\\ 0 & 0 & 0\\ 1 & 0 & -1\end{pmatrix}\begin{pmatrix}x_1\\x_2\\x_3\end{pmatrix}=\begin{pmatrix}0\\0\\0\end{pmatrix}$，得基础解系 $\boldsymbol{P}_1=\begin{pmatrix}0\\1\\0\end{pmatrix}$，$\boldsymbol{P}_2=\begin{pmatrix}1\\0\\1\end{pmatrix}$，$k_1\boldsymbol{P}_1+k_2\boldsymbol{P}_2$（$k_1,k_2$ 不同时为 0）是对应 $\lambda_1=\lambda_2=2$ 的全部特征向量；

当 $\lambda_3=0$ 时，解方程组 $\begin{pmatrix}1 & 0 & 1\\ 0 & 2 & 0\\ 1 & 0 & 1\end{pmatrix}\begin{pmatrix}x_1\\x_2\\x_3\end{pmatrix}=\begin{pmatrix}0\\0\\0\end{pmatrix}$，得基础解系 $\boldsymbol{P}_3=k_3\begin{pmatrix}1\\0\\-1\end{pmatrix}$（$k_3\neq 0$）是对应 $\lambda_3=0$ 的全部特征向量.

5. 已知 $\boldsymbol{A}=\begin{pmatrix}0 & 0 & 1\\ x & 1 & 0\\ 1 & 0 & 0\end{pmatrix}$ 有三个线性无关的特征向量，求 x.

解　由特征多项式 $|\boldsymbol{A}-\lambda\boldsymbol{E}|=\begin{vmatrix}-\lambda & 0 & 1\\ x & 1-\lambda & 0\\ 1 & 0 & -\lambda\end{vmatrix}=-(\lambda-1)^2(\lambda+1)$，得特征值 $\lambda_1=\lambda_2=1,\lambda_3=-1$.

当 $\lambda_1=\lambda_2=1$ 时，$\boldsymbol{A}-\boldsymbol{E}=\begin{pmatrix}-1 & 0 & 1\\ x & 0 & 0\\ 1 & 0 & -1\end{pmatrix}\sim\begin{pmatrix}-1 & 0 & 1\\ x & 0 & 0\\ 0 & 0 & 0\end{pmatrix}$，当 $R(\boldsymbol{A}-\boldsymbol{E})=1$ 时，对应 $\lambda_1=\lambda_2=1$ 有两个线性无关的特征向量，于是有 $x=0$.

习题 4.3 解答

1. 已知矩阵 $\boldsymbol{A}=\begin{pmatrix}1 & -2 & -4\\ -2 & x & -2\\ -4 & -2 & 1\end{pmatrix}$ 与矩阵 $\boldsymbol{\Lambda}=\begin{pmatrix}5 & 0 & 0\\ 0 & y & 0\\ 0 & 0 & -4\end{pmatrix}$ 相似，求 x,y.

解　方阵 $\boldsymbol{A}$ 与 $\boldsymbol{\Lambda}$ 相似，则 $\boldsymbol{A}$ 与 $\boldsymbol{\Lambda}$ 的特征多项式相同，即

$$|\boldsymbol{A}-\lambda\boldsymbol{E}|=|\boldsymbol{\Lambda}-\lambda\boldsymbol{E}|\Rightarrow\begin{vmatrix}1-\lambda & -2 & -4\\ -2 & x-\lambda & -2\\ -4 & -2 & 1-\lambda\end{vmatrix}=\begin{vmatrix}5-\lambda & 0 & 0\\ 0 & y-\lambda & 0\\ 0 & 0 & -4-\lambda\end{vmatrix}\Rightarrow\begin{cases}x=4\\ y=5\end{cases}$$

2. 设矩阵 $\boldsymbol{A}=\begin{pmatrix}2&0&1\\3&1&x\\4&0&5\end{pmatrix}$ 可相似对角化，求 x.

解 由特征多项式 $|\boldsymbol{A}-\lambda\boldsymbol{E}|=\begin{vmatrix}2-\lambda&0&1\\3&1-\lambda&x\\4&0&5-\lambda\end{vmatrix}=-(\lambda-1)^2(\lambda-7)$，得特征值 $\lambda_1=\lambda_2=1,\lambda_3=7$.

当 $\lambda_1=\lambda_2=1$ 时，$\boldsymbol{A}-\boldsymbol{E}=\begin{pmatrix}1&0&1\\3&0&x\\4&0&4\end{pmatrix}\sim\begin{pmatrix}1&0&1\\3&0&x\\0&0&0\end{pmatrix}$，当 $R(\boldsymbol{A}-\boldsymbol{E})=1$ 时，对应 $\lambda_1=\lambda_2=1$ 有两个线性无关的特征向量，此时，矩阵 $\boldsymbol{A}$ 可对角化，于是有 $x=3$.

3. 设三阶矩阵 $\boldsymbol{A}$ 的特征值为 $1,0,-1$，对应特征向量依次为 $\boldsymbol{P}_1=\begin{pmatrix}1\\2\\2\end{pmatrix}$，$\boldsymbol{P}_2=\begin{pmatrix}2\\-2\\1\end{pmatrix}$，$\boldsymbol{P}_3=\begin{pmatrix}-2\\-1\\2\end{pmatrix}$，求 $\boldsymbol{A}$.

解 根据特征向量的性质知 $(\boldsymbol{P}_1,\boldsymbol{P}_2,\boldsymbol{P}_3)$ 可逆，得

$$(\boldsymbol{P}_1,\boldsymbol{P}_2,\boldsymbol{P}_3)^{-1}\boldsymbol{A}(\boldsymbol{P}_1,\boldsymbol{P}_2,\boldsymbol{P}_3)=\begin{pmatrix}\lambda_1&&\\&\lambda_2&\\&&\lambda_3\end{pmatrix}$$

可得

$$\boldsymbol{A}=(\boldsymbol{P}_1,\boldsymbol{P}_2,\boldsymbol{P}_3)\begin{pmatrix}\lambda_1&&\\&\lambda_2&\\&&\lambda_3\end{pmatrix}(\boldsymbol{P}_1,\boldsymbol{P}_2,\boldsymbol{P}_3)^{-1}$$

得

$$\boldsymbol{A}=\frac{1}{3}\begin{pmatrix}-1&0&2\\0&1&2\\2&2&0\end{pmatrix}$$

4. 设 $\boldsymbol{A},\boldsymbol{B}$ 都是 n 阶矩阵，且 $|\boldsymbol{A}|\neq0$，证明 $\boldsymbol{AB}$ 与 $\boldsymbol{BA}$ 相似.

证 $|\boldsymbol{A}|\neq0$ 则 $\boldsymbol{A}$ 可逆，$\boldsymbol{A}^{-1}(\boldsymbol{AB})\boldsymbol{A}=(\boldsymbol{A}^{-1}\boldsymbol{A})(\boldsymbol{BA})=\boldsymbol{BA}$，则 $\boldsymbol{AB}$ 与 $\boldsymbol{BA}$ 相似.

习题 4.4 解答

1. 试求一个正交的相似变换矩阵，将下列对称矩阵化为对角矩阵：

(1) $\begin{pmatrix} 2 & -2 & 0 \\ -2 & 1 & -2 \\ 0 & -2 & 0 \end{pmatrix}$；　(2) $\begin{pmatrix} 2 & 2 & -2 \\ 2 & 5 & -4 \\ -2 & -4 & 5 \end{pmatrix}$.

解　(1) $|A-\lambda E| = \begin{vmatrix} 2-\lambda & -2 & 0 \\ -2 & 1-\lambda & -2 \\ 0 & -2 & -\lambda \end{vmatrix} = (1-\lambda)(\lambda-4)(\lambda+2)$，故得特征值为$\lambda_1=-2,\lambda_2=1,\lambda_3=4$.

当 $\lambda_1=-2$ 时，由

$$\begin{pmatrix} 4 & -2 & 0 \\ -2 & 3 & -2 \\ 0 & -2 & 2 \end{pmatrix}\begin{pmatrix} x_1 \\ x_2 \\ x_3 \end{pmatrix}=0$$

解得

$$\begin{pmatrix} x_1 \\ x_2 \\ x_3 \end{pmatrix}=k_1\begin{pmatrix} 1 \\ 2 \\ 2 \end{pmatrix}$$

单位特征向量可取：$\boldsymbol{P}_1=\begin{pmatrix} 1/3 \\ 2/3 \\ 2/3 \end{pmatrix}$

当 $\lambda_2=1$ 时，由

$$\begin{pmatrix} 1 & -2 & 0 \\ -2 & 0 & -2 \\ 0 & -2 & -1 \end{pmatrix}\begin{pmatrix} x_1 \\ x_2 \\ x_3 \end{pmatrix}=0$$

解得

$$\begin{pmatrix} x_1 \\ x_2 \\ x_3 \end{pmatrix}=k_2\begin{pmatrix} 2 \\ 1 \\ -2 \end{pmatrix}$$

单位特征向量可取：$\boldsymbol{P}_2=\begin{pmatrix} 2/3 \\ 1/3 \\ -2/3 \end{pmatrix}$

当 $\lambda_3=4$ 时，由

$$\begin{pmatrix} -2 & -2 & 0 \\ -2 & -3 & -2 \\ 0 & -2 & -4 \end{pmatrix}\begin{pmatrix} x_1 \\ x_2 \\ x_3 \end{pmatrix}=0$$

解得

$$\begin{pmatrix}x_1\\x_2\\x_3\end{pmatrix}=k_3\begin{pmatrix}2\\-2\\1\end{pmatrix}$$

单位特征向量可取：

$$\boldsymbol{P}_3=\begin{pmatrix}2/3\\-2/3\\1/3\end{pmatrix}$$

得正交阵

$$(\boldsymbol{P}_1,\boldsymbol{P}_2,\boldsymbol{P}_3)=\boldsymbol{P}=\frac{1}{3}\begin{pmatrix}1&2&2\\2&1&-2\\2&-2&1\end{pmatrix}$$

$$\boldsymbol{P}^{-1}\boldsymbol{AP}=\begin{pmatrix}-2&0&0\\0&1&0\\0&0&4\end{pmatrix}$$

(2) $|\boldsymbol{A}-\lambda\boldsymbol{E}|=\begin{vmatrix}2-\lambda&2&-2\\2&5-\lambda&-4\\-2&-4&5-\lambda\end{vmatrix}=-(\lambda-1)^2(\lambda-10)$，故得特征值为$\lambda_1=\lambda_2=1,\lambda_3=10$.

当$\lambda_1=\lambda_2=1$时，由

$$\begin{pmatrix}1&2&-2\\2&4&-4\\-2&-4&4\end{pmatrix}\begin{pmatrix}x_1\\x_2\\x_3\end{pmatrix}=\begin{pmatrix}0\\0\\0\end{pmatrix}$$

解得

$$\begin{pmatrix}x_1\\x_2\\x_3\end{pmatrix}=k_1\begin{pmatrix}-2\\1\\0\end{pmatrix}+k_2\begin{pmatrix}2\\0\\1\end{pmatrix}$$

此两个向量正交，单位化后，得两个单位正交的特征向量

$$\boldsymbol{P}_1=\frac{1}{\sqrt{5}}\begin{pmatrix}-2\\1\\0\end{pmatrix}$$

$$\boldsymbol{P}_2^*=\begin{pmatrix}-2\\1\\0\end{pmatrix}-\frac{-4}{5}\begin{pmatrix}-2\\1\\0\end{pmatrix}=\begin{pmatrix}2/5\\4/5\\1\end{pmatrix}$$

单位化得 $\boldsymbol{P}_2=\frac{\sqrt{5}}{3}\begin{pmatrix}2/5\\4/5\\1\end{pmatrix}$.

当 $\lambda_3=10$ 时，由

$$\begin{pmatrix}-8 & 2 & -2\\ 2 & -5 & -4\\ -2 & -4 & -5\end{pmatrix}\begin{pmatrix}x_1\\ x_2\\ x_3\end{pmatrix}=\begin{pmatrix}0\\ 0\\ 0\end{pmatrix}$$

解得

$$\begin{pmatrix}x_1\\ x_2\\ x_3\end{pmatrix}=k_3\begin{pmatrix}-1\\ -2\\ 2\end{pmatrix}$$

单位化 $\boldsymbol{P}_3=\dfrac{1}{3}\begin{pmatrix}-1\\ -2\\ 2\end{pmatrix}$：得正交阵

$$(\boldsymbol{P}_1,\boldsymbol{P}_2,\boldsymbol{P}_3)=\begin{pmatrix}-\dfrac{2}{\sqrt{5}} & \dfrac{2\sqrt{5}}{15} & -\dfrac{1}{3}\\ \dfrac{1}{\sqrt{5}} & \dfrac{4\sqrt{5}}{15} & -\dfrac{2}{3}\\ 0 & \dfrac{\sqrt{5}}{3} & \dfrac{2}{3}\end{pmatrix}$$

$$\boldsymbol{P}^{-1}\boldsymbol{AP}=\begin{pmatrix}1 & 0 & 0\\ 0 & 1 & 0\\ 0 & 0 & 1\end{pmatrix}$$

2. 设三阶实对称矩阵 $\boldsymbol{A}$ 的特征值为 $\lambda_1=1,\lambda_2=-1,\lambda_3=0$，对应 λ_1,λ_2 的特征向量依次为 $\boldsymbol{P}_1=\begin{pmatrix}1\\ 2\\ 2\end{pmatrix}$，$\boldsymbol{P}_2=\begin{pmatrix}2\\ 1\\ -2\end{pmatrix}$，求 $\boldsymbol{A}$.

解　设与特征值 $\lambda=0$ 对应的特征向量为 $\boldsymbol{\alpha}=\begin{pmatrix}x_1\\ x_2\\ x_3\end{pmatrix}$，由于实对称矩阵不同的特征值所对应的特征向量一定正交，故 $\boldsymbol{P}_1^{\mathrm{T}}\boldsymbol{\alpha}=0,\boldsymbol{P}_2^{\mathrm{T}}\boldsymbol{\alpha}=0$，即 $\begin{cases}x_1+2x_2+2x_3=0\\ 2x_1+x_2-2x_3=0\end{cases}$，解之得基础解系 $\boldsymbol{P}_3=\begin{pmatrix}1\\ -1\\ 1\end{pmatrix}$，即为 $\lambda=0$ 对应的特征向量.

记 $\boldsymbol{P}=(\boldsymbol{P}_1,\boldsymbol{P}_2,\boldsymbol{P}_3)$，于是

$$\boldsymbol{A}=\boldsymbol{P}^{-1}\boldsymbol{\Lambda P}=\frac{1}{3}\begin{pmatrix}-1 & 0 & 2\\ 0 & 1 & 2\\ 2 & 2 & 0\end{pmatrix}$$

3. 设三阶实对称矩阵 $\boldsymbol{A}$ 的特征值为 0,1,1,矩阵 $\boldsymbol{A}$ 属于 0 的特征向量为 $\boldsymbol{\alpha}_1=\begin{pmatrix}0\\1\\1\end{pmatrix}$,求 $\boldsymbol{A}$.

解 设与特征值 $\lambda=1$ 对应的特征向量为 $\boldsymbol{\alpha}=\begin{pmatrix}x_1\\x_2\\x_3\end{pmatrix}$,由于实对称矩阵不同的特征值所对应的特征向量一定正交,故 $\boldsymbol{P}_1^{\mathrm{T}}\boldsymbol{\alpha}=0$,即 $x_2+x_3=0$,解之得基础解系

$$\boldsymbol{P}_2=\begin{pmatrix}1\\0\\0\end{pmatrix},\quad \boldsymbol{P}_3=\begin{pmatrix}0\\1\\-1\end{pmatrix}$$

即为 $\lambda=1$ 对应的两个特征向量.

记 $\boldsymbol{P}=(\boldsymbol{P}_1,\boldsymbol{P}_2,\boldsymbol{P}_3)$,于是

$$\boldsymbol{A}=\boldsymbol{P}^{-1}\boldsymbol{\Lambda}\boldsymbol{P}=\begin{pmatrix}1&0&0\\0&0&-1\\0&-1&0\end{pmatrix}$$

4. 设 $\boldsymbol{A},\boldsymbol{B}$ 是两个 n 阶实对称矩阵,证明 $\boldsymbol{A},\boldsymbol{B}$ 相似的充要条件是 $\boldsymbol{A}$ 与 $\boldsymbol{B}$ 有相同的特征值.

证 充分性

设 $\boldsymbol{A},\boldsymbol{B}$ 的特征值为 $\lambda_1,\lambda_2,\lambda_3$,则存在可逆矩阵 $\boldsymbol{P}_1,\boldsymbol{P}_2$ 使得

$$\boldsymbol{P}_1^{-1}\boldsymbol{A}\boldsymbol{P}_1=\begin{pmatrix}\lambda_1&&\\&\lambda_2&\\&&\lambda_3\end{pmatrix}=\boldsymbol{P}_2^{-1}\boldsymbol{B}\boldsymbol{P}_2$$

于是 $\boldsymbol{A}\boldsymbol{P}_1\boldsymbol{P}_2^{-1}=\boldsymbol{P}_1\boldsymbol{P}_2^{-1}\boldsymbol{B}$,即 $\boldsymbol{A},\boldsymbol{B}$ 相似.

必要性

因为 $\boldsymbol{A},\boldsymbol{B}$ 相似,所以存在可逆矩阵 $\boldsymbol{P}$,使得 $\boldsymbol{P}^{-1}\boldsymbol{A}\boldsymbol{P}=\boldsymbol{B}$,于是

$$|\boldsymbol{B}-\lambda\boldsymbol{E}|=|\boldsymbol{P}^{-1}\boldsymbol{A}\boldsymbol{P}-\boldsymbol{P}^{-1}\lambda\boldsymbol{E}\boldsymbol{P}|=|\boldsymbol{P}^{-1}|\,|\boldsymbol{A}-\lambda\boldsymbol{E}|\,|\boldsymbol{P}|=|\boldsymbol{A}-\lambda\boldsymbol{E}|$$

即 $\boldsymbol{A}$ 与 $\boldsymbol{B}$ 有相同的特征值.

4.4 验收测试题

一、填空题

1. 设 $\boldsymbol{\alpha}_1,\boldsymbol{\alpha}_2$ 是一个规范正交组,则 $\|3\boldsymbol{\alpha}_1-4\boldsymbol{\alpha}_2\|=$________.

2. 已知三阶方阵 $\boldsymbol{A}$ 的三个特征值分别为 1,2,3,则 $|\boldsymbol{A}^2-2\boldsymbol{E}|=$________.

3. 若 n 阶矩阵 $\boldsymbol{A}$ 与 $\boldsymbol{B}$ 相似,且 $\boldsymbol{A}^2=\boldsymbol{A}$,则 $\boldsymbol{B}^2=$________.

4. 设 $\boldsymbol{A}$ 为 n 阶可逆矩阵，$\boldsymbol{A}$ 有特征值 λ，则 $(\boldsymbol{A}^{-1})^2+\boldsymbol{E}$ 必有特征值________.

5. 若 n 阶矩阵 $\boldsymbol{A}$ 有 n 个对应于特征值 λ 的线性无关的特征向量，则 $\boldsymbol{A}=$________.

6. 设 n 阶矩阵 $\boldsymbol{A}$ 的元素全为 1，则 $\boldsymbol{A}$ 的 n 个特征值是________.

7. 已知 $\boldsymbol{A}=\begin{pmatrix}4&3&-5\\0&0&0\\0&a&0\end{pmatrix}$ 可相似对角化，则 $a=$________.

8. 设 $\boldsymbol{A}=\begin{pmatrix}2&0&b\\0&4&0\\b&0&a\end{pmatrix}$ 的特征值为 4,1,6，则 $a=$________.

9. 设 $\boldsymbol{A}$ 是三阶矩阵，有三个相互正交的特征向量，则 $\boldsymbol{A}^{\mathrm{T}}=$________.

10. 已知三阶实可逆矩阵 $\boldsymbol{A}$ 的特征值为 $\frac{1}{\lambda_1},\frac{1}{\lambda_2},\frac{1}{\lambda_3}$，且 $\lambda_1,\lambda_2,\lambda_3$ 是互异的正整数. 若矩阵 $\boldsymbol{B}$ 的特征值为 $-4,5,16$，且 $\boldsymbol{B}=2(\boldsymbol{A}^{-1})^2-6\boldsymbol{A}$，则 $\lambda_1=$________，$\lambda_2=$________，$\lambda_3=$________.

二、选择题

1. 设 λ_1,λ_2 是矩阵 $\boldsymbol{A}$ 的两个不同特征值，$\boldsymbol{\alpha},\boldsymbol{\beta}$ 为 $\boldsymbol{A}$ 的分别对应于 λ_1,λ_2 的特征向量，则 $\boldsymbol{\alpha}$ 与 $\boldsymbol{\beta}$（　　）

A. 线性无关　　B. 线性相关　　C. 正交　　D. 部分分量对应成比例

2. 设 $\boldsymbol{A}$ 为 n 阶矩阵，则必与 $\boldsymbol{A}$ 有相同特征值的矩阵是（　　）

A. $\boldsymbol{A}^{-1}$　　B. $\boldsymbol{A}^{\mathrm{T}}$　　C. $\boldsymbol{A}^2$　　D. $\boldsymbol{A}^*$

3. 设 $\boldsymbol{A}$ 为 n 阶矩阵，则以下结论正确的是（　　）

A. 若 $\boldsymbol{A}$ 可逆，则 $\boldsymbol{A}$ 的对应于 λ 的特征向量也是 $\boldsymbol{A}^{-1}$ 的对应于 $\frac{1}{\lambda}$ 的特征向量

B. $\boldsymbol{A}$ 的特征向量的任一线性组合仍为 $\boldsymbol{A}$ 的特征向量

C. $\boldsymbol{A}$ 与 $\boldsymbol{A}^{\mathrm{T}}$ 有相同的特征向量

D. $\boldsymbol{A}$ 的特征向量为线性方程组 $(\lambda\boldsymbol{E}-\boldsymbol{A})\boldsymbol{x}=\boldsymbol{0}$ 的全部解向量

4. 设三阶矩阵 $\boldsymbol{A}$ 的特征值为 $\lambda_1=1,\lambda_2=-1,\lambda_3=-2$，其对应的特征向量分别为 $\boldsymbol{\xi}_1,\boldsymbol{\xi}_2,\boldsymbol{\xi}_3$，记 $\boldsymbol{P}=(2\boldsymbol{\xi}_2,-3\boldsymbol{\xi}_3,4\boldsymbol{\xi}_1)$，则 $\boldsymbol{P}^{-1}\boldsymbol{A}\boldsymbol{P}=$（　　）

A. $\begin{pmatrix}-1&&\\&-2&\\&&1\end{pmatrix}$　　B. $\begin{pmatrix}2&&\\&1&\\&&-1\end{pmatrix}$

C. $\begin{pmatrix}1&&\\&-1&\\&&2\end{pmatrix}$　　D. $\begin{pmatrix}-1&&\\&1&\\&&2\end{pmatrix}$

5. 设 $\boldsymbol{A},\boldsymbol{B}$ 是为 n 阶方阵，且 $\boldsymbol{A}$ 与 $\boldsymbol{B}$ 相似，则（　　）

A. $\lambda\boldsymbol{E}-\boldsymbol{A}=\lambda\boldsymbol{E}-\boldsymbol{B}$

B. $\boldsymbol{A}$ 与 $\boldsymbol{B}$ 有相同的特征值和特征向量

C. $\boldsymbol{A}$ 与 $\boldsymbol{B}$ 都相似于同一对角矩阵

D. 对任意常数 t，$t\boldsymbol{E}-\boldsymbol{A}$ 与 $t\boldsymbol{E}-\boldsymbol{B}$ 相似

6. n 阶矩阵与对角矩阵相似的充分必要条件是(　　)

A. $\boldsymbol{A}$ 有 n 个不全相同的特征值

B. $\boldsymbol{A}$ 有 n 个全不相同的特征值

C. $\boldsymbol{A}$ 有 n 个不同的特征向量

D. $\boldsymbol{A}$ 有 n 个线性无关的特征向量

7. n 阶方阵 $\boldsymbol{A}$ 与某对角矩阵相似，则(　　)

A. $R(\boldsymbol{A})=n$　　B. $\boldsymbol{A}$ 有 n 个不同特征值

C. $\boldsymbol{A}$ 是实对称矩阵　　D. $\boldsymbol{A}$ 有 n 个线性无关的特征向量

8. 设 $\boldsymbol{A}$ 为 n 阶实对称矩阵，$\boldsymbol{P}$ 是 n 阶可逆矩阵. 已知 n 维列向量 $\boldsymbol{\alpha}$ 是 $\boldsymbol{A}$ 对应于特征值 λ 的特征向量，则矩阵 $\boldsymbol{P}^{-1}\boldsymbol{AP}$ 对应于特征值 λ 的特征向量是(　　)

A. $\boldsymbol{P}^{-1}\boldsymbol{\alpha}$　　B. $\boldsymbol{P}^{\mathrm{T}}\boldsymbol{\alpha}$　　C. $\boldsymbol{P\alpha}$　　D. $(\boldsymbol{P}^{-1})^{\mathrm{T}}\boldsymbol{\alpha}$

9. 与 n 阶单位矩阵 $\boldsymbol{E}$ 相似的矩阵是(　　)

A. $k\boldsymbol{E}(k\neq 1)$　　B. 主对角线上元素不为 1 的对角矩阵

C. $\boldsymbol{E}$　　D. 任意 n 阶实对称矩阵

10. $\boldsymbol{A}$ 为实对称矩阵，且 $\boldsymbol{A}\sim\boldsymbol{B}$(　　)

A. $\boldsymbol{B}$ 是实对称矩阵　　B. $\boldsymbol{B}$ 是正交矩阵

C. $\boldsymbol{B}$ 是可逆矩阵　　D. 以上答案都不对

4.5　验收测试题答案

一、填空题

1. 5　2. -14　3. $\boldsymbol{B}$　4. $\dfrac{1}{\lambda^2}+1$　5. $\lambda\boldsymbol{E}$　6. $n,0,0,\cdots,0$　7. 0　8. 5，± 2　9. $\boldsymbol{A}$　10. 1,2,3

二、选择题

1. A　2. B　3. A　4. A　5. D　6. D　7. D　8. A　9. C　10. D

第5章 二 次 型

5.1 内容提要

1. 二次型与标准形的定义与性质

二次型：

n 个变量 $x_1, x_2, \cdots, x_n$ 的二次齐次函数

$$f(x_1, x_2, \cdots, x_n) = a_{11}x_1^2 + a_{22}x_2^2 + \cdots + a_{nn}x_n^2 + 2a_{12}x_1x_2 + 2a_{13}x_1x_3 + \cdots + 2a_{n-1,n}x_{n-1}x_n \tag{1}$$

称为二次型.

合同矩阵：

对于 $\boldsymbol{A}_{n\times n}, \boldsymbol{B}_{n\times n}$，若有可逆矩阵 $\boldsymbol{C}_{n\times n}$ 使得 $\boldsymbol{C}^{\mathrm{T}}\boldsymbol{AC} = \boldsymbol{B}$，称 $\boldsymbol{A}$ 合同于 $\boldsymbol{B}$.

(1) $\boldsymbol{A}$ 合同于 $\boldsymbol{A}$：$\boldsymbol{E}^{\mathrm{T}}\boldsymbol{AE} = \boldsymbol{A}$

(2) $\boldsymbol{A}$ 合同于 $\boldsymbol{B} \Rightarrow \boldsymbol{B}$ 合同于 $\boldsymbol{A}$：$(\boldsymbol{C}^{-1})^{\mathrm{T}}\boldsymbol{B}(\boldsymbol{C}^{-1}) = \boldsymbol{A}$

(3) $\boldsymbol{A}$ 合同于 $\boldsymbol{B}$，$\boldsymbol{B}$ 合同于 $\boldsymbol{C} \Rightarrow \boldsymbol{A}$ 合同于 $\boldsymbol{C}$

设有可逆矩阵 $\boldsymbol{C}$，使 $\boldsymbol{B} = \boldsymbol{C}^{\mathrm{T}}\boldsymbol{AC}$，如果 $\boldsymbol{A}$ 为对称矩阵，则 $\boldsymbol{B}$ 也为对称矩阵，且 $R(\boldsymbol{A}) = R(\boldsymbol{B})$.

二次型的标准形：

若存在可逆的线性变换

$$\begin{cases} x_1 = c_{11}y_1 + c_{12}y_2 + \cdots + c_{1n}y_n \\ x_2 = c_{21}y_1 + c_{22}y_2 + \cdots + c_{2n}y_n \\ \qquad\vdots \\ x_n = c_{n1}y_1 + c_{n2}y_2 + \cdots + c_{nn}y_n \end{cases} \tag{2}$$

将二次型 (1) 化为只含平方项，即用(2) 代入 (1)，能使

$$f(x_1, x_2, \cdots, x_n) = k_1y_1^2 + k_2y_2^2 + \cdots + k_ny_n^2 \tag{3}$$

称(3) 为二次型的标准形.（二次型的标准型不唯一）

2. 化二次型为标准形的方法

用正交变换法化二次型为标准形.

第一步:设 $A_{n\times n}$ 实对称，求其特征值为 $\lambda_1,\lambda_2,\cdots,\lambda_n$；

第二步:寻找存在正交矩阵 Q，使得

$$Q^{T}AQ=\Lambda=\begin{pmatrix}\lambda_1 & & \\ & \ddots & \\ & & \lambda_n\end{pmatrix}$$

第三步:做正交变换 $x=Qy$，可得

$$\begin{aligned}f&=x^{T}Ax=(Qy)^{T}A(Qy)=y^{T}(Q^{T}AQ)y=y^{T}\Lambda y\\&=\lambda_1 y_1^2+\lambda_2 y_2^2+\cdots+\lambda_n y_n^2\end{aligned}$$

用配方法化二次型成标准形.

3. 正定二次型

(惯性定理) 设实二次型 $f=x^{T}Ax$ 的秩为 r，若有实可逆变换 $x=Cy$ 及 $x=Pz$ 使

$$f=k_1y_1^2+k_2y_2^2+\cdots+k_ry_r^2\quad(k_r\neq 0)$$

和

$$f=\lambda_1z_1^2+\lambda_2z_2^2+\cdots+\lambda_rz_r^2\quad(\lambda_r\neq 0)$$

则 $k_1,k_2,\cdots,k_r$ 中正数的个数与 $\lambda_1,\lambda_2,\cdots,\lambda_r$ 中正数的个数相等.

实二次型 $f=x^{T}Ax$ 称为正定二次型,如果对任何 $x\neq\mathbf{0}$，都有 $x^{T}Ax>0$(显然 $f(0)=0$). 正定二次型的矩阵 A 称为正定矩阵;实二次型 $f=x^{T}Ax$ 称为负定二次型,如果对任何 $x\neq\mathbf{0}$,都有 $x^{T}Ax<0$. 负定二次型的矩阵 A 称为负定矩阵.

n 元实二次型 $f=x^{T}Ax$ 为正定的充分必要条件是:它的标准形的 n 个系数全为正.

推论 对称矩阵 A 为正定的充分必要条件是:A 的特征值全为正.

对称矩阵 A 为正定矩阵的充分必要条件是:A 的各阶主子式都为正. 即

$$a_{11}>0,\quad\begin{vmatrix}a_{11} & a_{12}\\ a_{21} & a_{22}\end{vmatrix}>0,\quad\cdots,\quad|A|=\begin{vmatrix}a_{11} & \cdots & a_{1n}\\ \vdots & & \vdots\\ a_{n1} & \cdots & a_{nn}\end{vmatrix}>0$$

对称矩阵 A 为正定的充分必要条件是:奇数阶主子式为负,而偶数阶主子式为正,即

$$(-1)^{r}\begin{vmatrix}a_{11} & \cdots & a_{1r}\\ \vdots & & \vdots\\ a_{r1} & \cdots & a_{rr}\end{vmatrix}>0\quad(r=1,2,\cdots,n)$$

此定理称为霍尔维茨定理.

5.2 典型题精解

例 1 写出以下二次型的系数矩阵:

(1) $f(x_1,x_2,x_3)=x_1^2+x_2^2-x_3^2$

(2) $f(x_1,x_2,x_3)=x_1x_2+2x_2x_3+3x_1x_3$

(3) $f(x_1,x_2,x_3)=x_1^2-2x_1x_2$

解　(1) $\boldsymbol{A}=\begin{pmatrix}1&0&0\\0&1&0\\0&0&-1\end{pmatrix}$，(2) $\boldsymbol{A}=\begin{pmatrix}0&\frac{1}{2}&\frac{3}{2}\\\frac{1}{2}&0&1\\\frac{3}{2}&1&0\end{pmatrix}$，(3) $\boldsymbol{A}=\begin{pmatrix}1&-1&0\\-1&0&0\\0&0&0\end{pmatrix}$.

例 2　求二次型 $f(x_1,x_2,x_3)=x_1^2-4x_1x_2+2x_1x_3-2x_2^2+6x_3^2$ 的秩.

解　二次型的矩阵为 $\boldsymbol{A}=\begin{pmatrix}1&-2&1\\-2&-2&0\\1&0&6\end{pmatrix}$，对 $\boldsymbol{A}$ 做初等变换

$$\boldsymbol{A}=\begin{pmatrix}1&-2&1\\-2&-2&0\\1&0&6\end{pmatrix}\xrightarrow{r_2+2r_1}\begin{pmatrix}1&-2&1\\0&-6&2\\1&0&6\end{pmatrix}\xrightarrow{r_3-r_1}\begin{pmatrix}1&-2&1\\0&-6&2\\0&2&5\end{pmatrix}$$

$$\xrightarrow{r_2\leftrightarrow r_3}\begin{pmatrix}1&-2&1\\0&2&5\\0&-6&2\end{pmatrix}\xrightarrow{r_3+3r_2}\begin{pmatrix}1&-2&1\\0&2&5\\0&0&17\end{pmatrix}$$

即 $R(\boldsymbol{A})=3$，所以二次型的秩为 3.

例 3　$f(x_1,x_2,x_3)=2x_1^2+5x_2^2+5x_3^2+4x_1x_2-4x_1x_3-8x_2x_3$ 用正交变换化 $f(x_1,x_2,x_3)$ 为标准形.

解　f 的矩阵

$$\boldsymbol{A}=\begin{pmatrix}2&2&-2\\2&5&-4\\-2&-4&5\end{pmatrix}$$

$\boldsymbol{A}$ 的特征多项式

$$\varphi(\lambda)=-(\lambda-1)^2(\lambda-10)$$

$\lambda_1=\lambda_2=1$ 的两个正交的特征向量

$$\boldsymbol{p}_1=\begin{pmatrix}0\\1\\1\end{pmatrix},\quad \boldsymbol{p}_2=\begin{pmatrix}4\\-1\\1\end{pmatrix}$$

$\lambda_3=10$ 的特征向量 $\boldsymbol{p}_3=\begin{pmatrix}1\\2\\-2\end{pmatrix}$

正交矩阵

$$Q=\begin{pmatrix} 0 & 4/3\sqrt{2} & 1/3 \\ 1/\sqrt{2} & -1/3\sqrt{2} & 2/3 \\ 1/\sqrt{2} & 1/3\sqrt{2} & -2/3 \end{pmatrix}$$

正交变换 $\boldsymbol{x}=\boldsymbol{Q}\boldsymbol{y}$：标准形 $f=y_1^2+y_2^2+10y_3^2$

例 4 $f(x_1,\cdots,x_4)=2x_1x_2+2x_1x_3-2x_1x_4-2x_2x_3+2x_2x_4+2x_3x_4$ 用正交变换化 $f(x_1,x_2,x_3,x_4)$ 为标准形.

解 f 的矩阵

$$\boldsymbol{A}=\begin{pmatrix} 0 & 1 & 1 & -1 \\ 1 & 0 & -1 & 1 \\ 1 & -1 & 0 & 1 \\ -1 & 1 & 1 & 0 \end{pmatrix}$$

$\boldsymbol{A}$ 的特征多项式

$$\varphi(\lambda)=(\lambda-1)^3(\lambda+3)$$

求正交矩阵 $\boldsymbol{Q}$ 和对角矩阵 $\boldsymbol{\Lambda}$，使得 $\boldsymbol{Q}^{\mathrm{T}}\boldsymbol{A}\boldsymbol{Q}=\boldsymbol{\Lambda}$：

$$\boldsymbol{Q}=\begin{pmatrix} 1/\sqrt{2} & 0 & 1/2 & -1/2 \\ 1/\sqrt{2} & 0 & -1/2 & 1/2 \\ 0 & 1/\sqrt{2} & 1/2 & 1/2 \\ 0 & 1/\sqrt{2} & -1/2 & -1/2 \end{pmatrix},\quad \boldsymbol{\Lambda}=\begin{pmatrix} 1 & & & \\ & 1 & & \\ & & 1 & \\ & & & -3 \end{pmatrix}$$

正交变换 $\boldsymbol{x}=\boldsymbol{Q}\boldsymbol{y}$：标准形 $f=y_1^2+y_2^2+y_3^2-3y_4^2$.

例 5 $f(x_1,x_2,x_3)=2x_1^2+5x_2^2+5x_3^2+4x_1x_2-4x_1x_3-8x_2x_3$ 用配方法化 $f(x_1,x_2,x_3)$ 为标准形.

解
$$\begin{aligned} f&=2[x_1^2+2x_1(x_2-x_3)]+5x_2^2+5x_3^2-8x_2x_3 \\ &=2[(x_1+x_2-x_3)^2-(x_2-x_3)^2]+5x_2^2+5x_3^2-8x_2x_3 \\ &=2(x_1+x_2-x_3)^2+3x_2^2-4x_2x_3+3x_3^2 \\ &=2(x_1+x_2-x_3)^2+3\left[\left(x_2-\frac{2}{3}x_3\right)^2-\frac{4}{9}x_3^2\right]+3x_3^2 \\ &=2(x_1+x_2-x_3)^2+3\left(x_2-\frac{2}{3}x_3\right)^2+\frac{5}{3}x_3^2 \end{aligned}$$

令

$$\begin{cases} y_1=x_1+x_2-x_3 \\ y_2=x_2-(2/3)x_3 \\ y_1=x_3 \end{cases}$$

则

$$\begin{cases} x_1 = y_1 - y_2 + (1/3)y_3 \\ x_2 = y_2 + (2/3)y_3 \\ x_3 = y_3 \end{cases}$$

可逆变换 $\boldsymbol{x} = \boldsymbol{C}\boldsymbol{y}$：

$$\boldsymbol{C} = \begin{pmatrix} 1 & -1 & 1/3 \\ 0 & 1 & 2/3 \\ 0 & 0 & 1 \end{pmatrix}$$

标准形

$$f = 2y_1^2 + 3y_2^2 + \frac{5}{3}y_3^2$$

例 6　判断二次型 $f(x,y,z) = -5x^2 - 6y^2 - 4z^2 + 4xy + 4xz$ 是否是负定的.

解　二次型的矩阵 $\boldsymbol{A} = \begin{pmatrix} -5 & 2 & 2 \\ 2 & -6 & 0 \\ 2 & 0 & -4 \end{pmatrix}$，因为 $|\boldsymbol{A}_1| = -5 < 0$，$|\boldsymbol{A}_2| = \begin{vmatrix} -5 & 2 \\ 2 & -6 \end{vmatrix} = 26 > 0$，$|\boldsymbol{A}_3| = |\boldsymbol{A}| = -80 < 0$，所以二次型是负定的.

5.3　教材习题同步解析

习题 5.1 解答

1. 若 n 阶矩阵 $\boldsymbol{A}$ 与 $\boldsymbol{B}$ 合同，则(　　).

A. $\boldsymbol{A} = \boldsymbol{B}$　　B. $\boldsymbol{A} \sim \boldsymbol{B}$　　C. $|\boldsymbol{A}| = |\boldsymbol{B}|$　　D. $R(\boldsymbol{A}) = R(\boldsymbol{B})$

解　D

2. 用矩阵记号表示下列二次型：

(1) $f = x_1^2 + 4x_1x_2 + 4x_2^2 + 2x_1x_3 + x_3^2 + 4x_2x_3$；

(2) $f = x^2 + y^2 - 7z^2 - 2xy - 4xz - 4yz$；

解　(1) $f(x_1,x_2,x_3) = (x_1 \quad x_2 \quad x_3)\begin{pmatrix} 1 & 2 & 1 \\ 2 & 4 & 2 \\ 1 & 2 & 1 \end{pmatrix}\begin{pmatrix} x_1 \\ x_2 \\ x_3 \end{pmatrix}$

(2) $f(x,y,z) = (x,y,z)\begin{pmatrix} 1 & -1 & -2 \\ -1 & 1 & -2 \\ -2 & -2 & -7 \end{pmatrix}\begin{pmatrix} x \\ y \\ z \end{pmatrix}$

3. 写出对称矩阵 $\boldsymbol{A} = \begin{pmatrix} 2 & 3 & -1 \\ 3 & 3 & 0 \\ -1 & 0 & 1 \end{pmatrix}$ 所对应的二次型.

解 $f(x_1,x_2,x_3)=2x_1^2+3x_2^2+x_3^2+6x_1x_2-2x_1x_3$

4. 写出下列二次型的矩阵：

$$f=\boldsymbol{x}^{\mathrm{T}}\begin{pmatrix}1&2&3\\4&5&6\\7&8&9\end{pmatrix}\boldsymbol{x}$$

解 $f=\boldsymbol{x}^{\mathrm{T}}\begin{pmatrix}1&2&3\\4&5&6\\7&8&9\end{pmatrix}\boldsymbol{x}=(x_1\quad x_2\quad x_3)\begin{pmatrix}1&2&3\\4&5&6\\7&8&9\end{pmatrix}\begin{pmatrix}x_1\\x_2\\x_3\end{pmatrix}$

$=x_1^2+5x_2^2+9x_3^2+6x_1x_2+10x_1x_3+14x_2x_3$

所以二次型矩阵为：$\begin{pmatrix}1&3&5\\3&5&7\\5&7&9\end{pmatrix}$.

5. 计算二次型的秩：$f=\boldsymbol{x}^{\mathrm{T}}\begin{pmatrix}1&2&1\\0&1&0\\1&2&1\end{pmatrix}\boldsymbol{x}$.

解 $\boldsymbol{A}=\begin{pmatrix}1&2&1\\0&1&0\\1&2&1\end{pmatrix}\xrightarrow{r_3-r_1}\begin{pmatrix}1&2&1\\0&1&0\\0&0&0\end{pmatrix}$，所以二次型的秩为 2.

习题 5.2 解答

1. 求一个正交变换将下列二次型化成标准形：

(1) $f=2x_1^2+3x_2^2+3x_3^2+4x_2x_3$；

(2) $f=x_1^2+x_2^2+x_3^2+x_4^2+2x_1x_2-2x_1x_4-2x_2x_3+2x_3x_4$.

解 (1) 二次型矩阵 $\boldsymbol{A}=\begin{pmatrix}2&0&0\\0&3&2\\0&2&3\end{pmatrix}$，求其特征值：

$$|\boldsymbol{A}-\lambda\boldsymbol{E}|=\begin{vmatrix}2-\lambda&0&0\\0&3-\lambda&2\\0&2&3-\lambda\end{vmatrix}=(2-\lambda)(\lambda-5)(\lambda-1)=0$$

得

$$\lambda_1=2,\quad \lambda_2=5,\quad \lambda_3=1$$

求特征向量

$\lambda_1=2$ 代入 $(\boldsymbol{A}-\lambda\boldsymbol{E})\boldsymbol{x}=\boldsymbol{0}$ 得基础解系 $\boldsymbol{\xi}_1=(1,0,0)^{\mathrm{T}}$

$\lambda_2=5$ 代入 $(\boldsymbol{A}-\lambda\boldsymbol{E})\boldsymbol{x}=\boldsymbol{0}$ 得基础解系 $\boldsymbol{\xi}_2=(0,1,1)^{\mathrm{T}}$

$\lambda_3=1$ 代入 $(\boldsymbol{A}-\lambda\boldsymbol{E})\boldsymbol{x}=\boldsymbol{0}$ 得基础解系 $\boldsymbol{\xi}_3=(0,1,-1)^{\mathrm{T}}$

所以令 $\begin{pmatrix}x_1\\x_2\\x_3\end{pmatrix}=\begin{pmatrix}1&0&0\\0&\frac{1}{\sqrt{2}}&\frac{1}{\sqrt{2}}\\0&\frac{1}{\sqrt{2}}&-\frac{1}{\sqrt{2}}\end{pmatrix}\begin{pmatrix}y_1\\y_2\\y_3\end{pmatrix}$，得标准型 $f=2y_1^2+5y_2^2+y_3^2$.

(2) 二次型矩阵 $\boldsymbol{A}=\begin{pmatrix}1&1&0&-1\\1&1&-1&0\\0&-1&1&1\\-1&0&1&1\end{pmatrix}$，求其特征值.

$$|\boldsymbol{A}-\lambda\boldsymbol{E}|=\begin{vmatrix}1-\lambda&1&0&-1\\1&1-\lambda&-1&0\\0&-1&1-\lambda&1\\-1&0&1&1-\lambda\end{vmatrix}=(\lambda+1)(\lambda-3)(\lambda-1)^2=0$$

得 $\lambda_1=-1,\lambda_2=3,\lambda_3=\lambda_4=1$

求特征向量

$\lambda_1=-1$ 代入 $(\boldsymbol{A}-\lambda\boldsymbol{E})\boldsymbol{x}=\boldsymbol{0}$ 得基础解系 $\boldsymbol{\xi}_1=(1,-1,-1,1)^{\mathrm{T}}$

$\lambda_2=3$ 代入 $(\boldsymbol{A}-\lambda\boldsymbol{E})\boldsymbol{x}=\boldsymbol{0}$ 得基础解系 $\boldsymbol{\xi}_2=(1,1,-1,-1)^{\mathrm{T}}$

$\lambda_3=\lambda_4=1$ 代入 $(\boldsymbol{A}-\lambda\boldsymbol{E})\boldsymbol{x}=\boldsymbol{0}$ 得基础解系 $\boldsymbol{\xi}_3=(1,0,1,0)^{\mathrm{T}},\boldsymbol{\xi}_4=(0,1,0,1)^{\mathrm{T}}$

所以令 $\begin{pmatrix}x_1\\x_2\\x_3\\x_4\end{pmatrix}=\begin{pmatrix}\frac{1}{2}&\frac{1}{2}&\frac{1}{\sqrt{2}}&0\\-\frac{1}{2}&\frac{1}{2}&0&\frac{1}{\sqrt{2}}\\-\frac{1}{2}&-\frac{1}{2}&\frac{1}{\sqrt{2}}&0\\\frac{1}{2}&-\frac{1}{2}&0&\frac{1}{\sqrt{2}}\end{pmatrix}\begin{pmatrix}y_1\\y_2\\y_3\\y_4\end{pmatrix}$，$f=-y_1^2+3y_2^2+y_3^2+y_4^2$.

2. 用配方法化下列二次型为标准型：

(1) $f=x_1^2-2x_2x_3+2x_1x_3+2x_3^2$；

(2) $f=-4x_1x_2+2x_1x_3+2x_2x_3$.

解　(1) $f=x_1^2-2x_2x_3+2x_1x_3+2x_3^2=x_1^2+2x_1x_3+2x_3^2-2x_2x_3$

$$=(x_1+x_3)^2+x_3^2-2x_2x_3=(x_1+x_3)^2+(x_3-x_2)^2-x_2^2$$

$$y_1=x_1+x_3,\quad y_2=x_3-x_2,\quad y_3=x_2$$

$$f=y_1^2+y_2^2-y_3^2$$

(2) 令 $\begin{cases}x_1=y_1+y_2\\x_2=y_1-y_2\\x_3=y_3\end{cases}$，即 $\begin{pmatrix}x_1\\x_2\\x_3\end{pmatrix}=\begin{pmatrix}1&1&0\\1&-1&0\\0&0&1\end{pmatrix}\begin{pmatrix}y_1\\y_2\\y_3\end{pmatrix}$，代入得

$$f=-4(y_1+y_2)(y_1-y_2)+2(y_1+y_2)y_3+2(y_1-y_2)y_3$$
$$=-4y_1^2+4y_1y_3+4y_2^2=-4(y_1-y_3)^2+y_3^2+4y_2^2$$

令

$$z_1=y_1-\frac{1}{2}y_3,\quad z_2=y_2,\quad z_3=y_3$$
$$f=-4z_1^2+4z_2^2+z_3^2$$

3. 将下列二次型化为规范形,并指出正惯性指数及秩:

(1) $f=x_1^2+2x_2^2+2x_1x_2-2x_1x_3$;

(2) $f=x_1^2+x_2^2-x_4^2-2x_1x_4$.

解 (1) $f=x_1^2+2x_2^2+2x_1x_2-2x_1x_3=x_1^2+2x_1(x_2-x_3)+2x_2^2$

$$=(x_1+x_2-x_3)^2+x_2^2+2x_2x_3-x_3^2$$
$$=(x_1+x_2-x_3)^2+(x_2+x_3)^2-2x_3^2$$

令

$$y_1=x_1+x_2-x_3,\quad y_2=x_2+x_3,\quad y_3=\sqrt{2}x_3$$

二次型的规范形为 $f=y_1^2+y_2^2-y_3^2$,于是正惯性指数为2,秩为3.

(2) $$f=x_1^2-2x_1x_4+x_2^2-x_4^2=(x_1-x_4)^2+x_2^2-2x_4^2$$

$$y_1=x_1-x_4,\quad y_2=x_2,\quad y_3=\sqrt{2}x_4$$

二次型的规范形为 $f=y_1^2+y_2^2-y_3^2$,于是正惯性指数为2,秩为3.

习题 5.3 解答

1. 判别二次型 $f(x_1,x_2,x_3)=6x_1^2+5x_2^2+7x_3^2-4x_1x_2+4x_1x_3$ 的正定性.

解 二次型 f 的矩阵为 $\boldsymbol{A}=\begin{pmatrix}6&-2&2\\-2&5&0\\2&0&7\end{pmatrix}$,且 $|\boldsymbol{A}-\lambda\boldsymbol{E}|=(\lambda-6)(\lambda-3)(\lambda-9)=0$,得 $\lambda_1=6,\lambda_2=3,\lambda_3=9$,所以 $\boldsymbol{A}$ 正定,从而 f 为正定二次型.

2. 求 a 的值,使二次型 $x_1^2+x_2^2+5x_3^2+2ax_1x_2-2x_1x_3+4x_2x_3$ 为正定.

解 二次型的矩阵 $\boldsymbol{A}=\begin{pmatrix}1&a&-1\\a&1&2\\-1&2&5\end{pmatrix}$,因为 $|\boldsymbol{A}_1|=1>0$,$|\boldsymbol{A}_2|=\begin{vmatrix}1&a\\a&1\end{vmatrix}=1-a^2>0$,$\boldsymbol{A}_3=\begin{vmatrix}1&a&-1\\a&1&2\\-1&2&5\end{vmatrix}=-5a^2-4a>0$,所以 $-0.8<a<0$.

3. 已知 $\begin{pmatrix}2-a&1&0\\1&1&0\\0&0&a+3\end{pmatrix}$ 是正定矩阵,求 a 的值.

解　$|\boldsymbol{A}_1|=2-a>0,\quad |\boldsymbol{A}_2|=\begin{vmatrix}2-a & 1\\ 1 & 1\end{vmatrix}=1-a>0$

$$|\boldsymbol{A}_3|=\begin{vmatrix}2-a & 1 & 0\\ 1 & 1 & 0\\ 0 & 0 & a+3\end{vmatrix}=(3+a)(1-a)>0$$

所以有 $-3<a<1$.

4. 判定实对称矩阵 $\boldsymbol{A}=\begin{pmatrix}1 & 2 & 1\\ 2 & 6 & 1\\ 1 & 1 & 5\end{pmatrix}$ 是否为正定矩阵？

解　$|A_1|=1>0, |A_2|=\begin{vmatrix}1 & 2\\ 2 & 6\end{vmatrix}=2>0, |A_3|=\begin{vmatrix}1 & 2 & 1\\ 2 & 6 & 1\\ 1 & 1 & 5\end{vmatrix}=7>0$,所以是正定矩阵.

5.4　验收测试题

一、填空题

1. 如果实对称矩阵 $\boldsymbol{A}$ 与矩阵 $\boldsymbol{B}=\begin{pmatrix}0 & 0 & 3\\ 0 & 1 & 0\\ 3 & 0 & 0\end{pmatrix}$ 合同，则二次型 $\boldsymbol{x}^{\mathrm{T}}\boldsymbol{A}\boldsymbol{x}$ 的规范形为________.

2. 用矩阵记号表示二次型：

$f(x,y,z)=x^2+4xy+4y^2+2xz+z^2+4yz=$________.

3. 设 $f(x_1,x_2,x_3)=x_1^2+2x_2^2+3x_3^2+2x_1x_2-2x_1x_3+2ax_2x_3$ 为正定二次型，则 a 的范围为________.

4. 二次型 $f(x_1,x_2,x_3)=2x_1^2+3x_2^2+5x_3^2+2x_1x_2$ 的矩阵为________.

5. 写出二次型 $f=\boldsymbol{x}^{\mathrm{T}}\begin{pmatrix}2 & 1\\ 3 & 1\end{pmatrix}\boldsymbol{x}$ 的矩阵.

6. 已知二次型 $f(x_1,x_2,x_3)=x_1^2+2x_2^2+tx_3^2-2x_1x_2+4x_1x_3-2x_2x_3$ 的正惯性指数为 2,负惯性指数为 1,则参数 t 的范围为________.

7. 若已知二次型 $f(x_1,x_2,x_3)=x_1^2-2x_2^2+x_3^2+2x_1x_2-4x_1x_3+2tx_2x_3$ 的秩为 2,则 $t=$________.

8. 矩阵 $\begin{pmatrix}1 & 2 & 0\\ 2 & 1 & 0\\ 0 & 0 & 3\end{pmatrix}$ 对应的二次型是________.

9. 二次型 $f(x_1,x_2,x_3)=x_1^2+x_2^2+3x_3^2-2x_1x_2$ 的秩为________.

10. 二次型 $f(x_1,x_2,x_3)=5x_1^2+5x_2^2+cx_3^2-2x_1x_2+6x_1x_3-6x_2x_3$ 的秩为2,则参数 $c=$________.

二、选择题

1. 下列各式中不等于 $x_1^2+6x_1x_2+3x_2^2$ 的是( )

A. $(x_1,x_2)\begin{pmatrix}1 & 2\\4 & 3\end{pmatrix}\begin{pmatrix}x_1\\x_2\end{pmatrix}$

B. $(x_1,x_2)\begin{pmatrix}1 & 3\\3 & 3\end{pmatrix}\begin{pmatrix}x_1\\x_2\end{pmatrix}$

C. $(x_1,x_2)\begin{pmatrix}1 & -1\\-5 & 3\end{pmatrix}\begin{pmatrix}x_1\\x_2\end{pmatrix}$

D. $(x_1,x_2)\begin{pmatrix}1 & -1\\7 & 3\end{pmatrix}\begin{pmatrix}x_1\\x_2\end{pmatrix}$

2. 二次型 $f(x_1,x_2,x_3)=x_1^2+6x_1x_2+3x_2^2$ 的矩阵是( )

A. $\begin{pmatrix}1 & -1\\-1 & 3\end{pmatrix}$ B. $\begin{pmatrix}1 & 2\\4 & 3\end{pmatrix}$

C. $\begin{pmatrix}1 & 3\\3 & 3\end{pmatrix}$ D. $\begin{pmatrix}1 & 5\\1 & 3\end{pmatrix}$

3. 设 $\boldsymbol{A},\boldsymbol{B}$ 均为 n 阶矩阵,且 $\boldsymbol{A}$ 与 $\boldsymbol{B}$ 合同,则( )

A. $\boldsymbol{A}$ 与 $\boldsymbol{B}$ 相似 B. $|\boldsymbol{A}|=|\boldsymbol{B}|$

C. $\boldsymbol{A}$ 与 $\boldsymbol{B}$ 有相同的特征值 D. $R(\boldsymbol{A})=R(\boldsymbol{B})$

4. 二次型 $f(x_1,x_2,x_3)=(x_1+ax_2-2x_3)^2+(2x_2+3x_3)^2+(x_1+3x_2+ax_3)^2$ 是正定二次型的充分必要条件是( )

A. $a>1$ B. $a<1$ C. $a\neq 1$ D. $a=1$

5. 设 $\boldsymbol{A},\boldsymbol{B}$ 为同阶方阵,$\boldsymbol{x}=\begin{pmatrix}x_1\\x_2\\\vdots\\x_n\end{pmatrix}$,且 $\boldsymbol{x}^{\mathrm{T}}\boldsymbol{A}\boldsymbol{x}=\boldsymbol{x}^{\mathrm{T}}\boldsymbol{B}\boldsymbol{x}$,当( )时,$\boldsymbol{A}=\boldsymbol{B}$.

A. $R(\boldsymbol{A})=R(\boldsymbol{B})$ B. $\boldsymbol{A}^{\mathrm{T}}=\boldsymbol{A}$ C. $\boldsymbol{B}^{\mathrm{T}}=\boldsymbol{B}$ D. $\boldsymbol{A}^{\mathrm{T}}=\boldsymbol{A}$ 且 $\boldsymbol{B}^{\mathrm{T}}=\boldsymbol{B}$

6. $\boldsymbol{A}$ 是 n 阶正定矩阵的充分必要条件是( )

A. $|\boldsymbol{A}|>0$ B. 存在 n 阶矩阵 $\boldsymbol{C}$,使 $\boldsymbol{A}=\boldsymbol{C}^{\mathrm{T}}\boldsymbol{C}$

C. 负惯性指数为0 D. 各阶顺序主子式均为正数

7. 矩阵( )合同于 $\begin{pmatrix}-2 & 0 & 0\\0 & \frac{1}{2} & 0\\0 & 0 & 5\end{pmatrix}$.

A. $\begin{pmatrix}1&0&0\\0&1&0\\0&0&-1\end{pmatrix}$　　B. $\begin{pmatrix}0&0&0\\0&2&0\\0&0&-5\end{pmatrix}$　　C. $\begin{pmatrix}-1&0&0\\0&-1&0\\0&0&1\end{pmatrix}$　　D. $\begin{pmatrix}2&0&0\\0&2&0\\0&0&1\end{pmatrix}$

8. 设矩阵 $\boldsymbol{A}=\begin{pmatrix}1&1&1\\1&1&1\\1&1&1\end{pmatrix}$，$\boldsymbol{B}=\begin{pmatrix}3&0&0\\0&0&0\\0&0&0\end{pmatrix}$，则 $\boldsymbol{A}$ 与 $\boldsymbol{B}$ 的关系为(　　)

A. 合同且相似　　B. 相似但不合同

C. 合同但不相似　　D. 既不合同也不相似

9. 若二次型 $f(x_1,x_2,x_3)=x_1^2+x_2^2+ax_3^2-2x_1x_2+6x_1x_3-6x_2x_3$ 的秩为 2，则(　　)

A. $a=9$　　B. $a\neq 9$　　C. $a=0$　　D. $a\neq 0$

10. $\boldsymbol{A},\boldsymbol{B}$ 为 n 阶正定矩阵，则下列矩阵中可能不是正定矩阵的为(　　)

A. $2\boldsymbol{A}+3\boldsymbol{B}$　　B. $\boldsymbol{A}^*+\boldsymbol{B}^*$　　C. $\boldsymbol{A}^{-1}+\boldsymbol{B}^{-1}$　　D. $\boldsymbol{AB}$

5.5　验收测试题答案

一、填空题

1. $y_1^2+y_2^2-y_3^2$　2. $(x\quad y\quad z)\begin{pmatrix}1&2&1\\2&2&2\\1&2&1\end{pmatrix}\begin{pmatrix}x\\y\\z\end{pmatrix}$　3. $(-\sqrt{2}-1,\sqrt{2}-1)$　4. $\begin{pmatrix}2&1&0\\1&3&0\\0&0&5\end{pmatrix}$

5. $\begin{pmatrix}2&2\\2&1\end{pmatrix}$　6. $t<5$　7. 1 或 5　8. $x_1^2+x_2^2+3x_3^2+4x_1x_2$　9. 2　10. 3

二、选择题

1. C　2. C　3. D　4. A　5. D　6. D　7. A　8. A　9. B　10. D

自 测 习 题

自测习题一

一、填空题

1. $\begin{vmatrix} a & b \\ a^2 & b^2 \end{vmatrix} =$ ________.

2. 排列 67315284 的逆序数是________.

3. 设 $\boldsymbol{A}$ 为三阶方阵,$\boldsymbol{A}^*$ 为 $\boldsymbol{A}$ 的伴随方阵，且 $|\boldsymbol{A}| = \frac{1}{2}$，则 $|(3\boldsymbol{A})^{-1} - 2\boldsymbol{A}^*| =$ ________.

4. 设 $D = \begin{vmatrix} 1 & 0 & 2 \\ -1 & 3 & a \\ 2 & -1 & 4 \end{vmatrix}$,则 D 中元素 a 的代数余子式是________.

5. 设 $\boldsymbol{A} = \begin{pmatrix} 1 & 2 \\ 2 & 5 \end{pmatrix}$,则 $\boldsymbol{A}^{-1} =$ ________.

二、选择题

1. 设 $\boldsymbol{\alpha}_1,\boldsymbol{\alpha}_2,\boldsymbol{\alpha}_3$ 线性相关,$\boldsymbol{\alpha}_2,\boldsymbol{\alpha}_3,\boldsymbol{\alpha}_4$ 线性无关,则下面结论正确的是(　　)

A. $\boldsymbol{\alpha}_1$ 不能由 $\boldsymbol{\alpha}_2,\boldsymbol{\alpha}_3$ 线性表出　　B. $\boldsymbol{\alpha}_2$ 能由 $\boldsymbol{\alpha}_1,\boldsymbol{\alpha}_3,\boldsymbol{\alpha}_4$ 线性表出

C. $\boldsymbol{\alpha}_4$ 能由 $\boldsymbol{\alpha}_1,\boldsymbol{\alpha}_2,\boldsymbol{\alpha}_3$ 线性表出　　D. $\boldsymbol{\alpha}_4$ 不能由 $\boldsymbol{\alpha}_1,\boldsymbol{\alpha}_2,\boldsymbol{\alpha}_3$ 线性表出

2. $\begin{vmatrix} k & -1 & 1 \\ 0 & -1 & 0 \\ 4 & k & k \end{vmatrix} > 0$ 的充分必要条件是(　　)

A. $k < 0$　　B. $k > 2$　　C. $|k| > 2$　　D. $|k| < 2$

3. 下列命题正确的是(　　)

A. 任意 n 个 $n+1$ 维向量必线性相关

B. 设 $\boldsymbol{A}$ 为任意 n 阶方阵,必有 $\boldsymbol{A} \sim \boldsymbol{E}$

C. 若 $\boldsymbol{\alpha}_1,\boldsymbol{\alpha}_2,\cdots,\boldsymbol{\alpha}_s$ 线性相关,则 $\boldsymbol{\alpha}_1$ 必能用 $\boldsymbol{\alpha}_2,\cdots,\boldsymbol{\alpha}_s$ 线性表示

D. 一组向量线性无关,则它的部分向量组必线性无关

4. 设两个 n 阶矩阵 $\boldsymbol{A}$ 与 $\boldsymbol{B}$ 相似,则(　　)一定成立.

A. $\boldsymbol{A}$ 与 $\boldsymbol{B}$ 有相同的特征向量　　B. $\boldsymbol{A}$ 与 $\boldsymbol{B}$ 有不相同的特征向量

C. $\boldsymbol{A}$ 与 $\boldsymbol{B}$ 有不同的特征值　　　　D. $\boldsymbol{A}$ 与 $\boldsymbol{B}$ 有相同的特征值

5. 设矩阵 $\boldsymbol{A}_{3\times 4}=\begin{pmatrix}\boldsymbol{\alpha}_1\\ \boldsymbol{\alpha}_2\\ \boldsymbol{\alpha}_3\end{pmatrix}=(\boldsymbol{\beta}_1\quad \boldsymbol{\beta}_2\quad \boldsymbol{\beta}_3\quad \boldsymbol{\beta}_4)$，且 $R(\boldsymbol{A})=3$，则(　　)一定成立.

A. $\boldsymbol{\alpha}_1,\boldsymbol{\alpha}_2,\boldsymbol{\alpha}_3$ 线性无关　　　　B. $\boldsymbol{\alpha}_1,\boldsymbol{\alpha}_2,\boldsymbol{\alpha}_3$ 线性相关

C. $\boldsymbol{\beta}_1,\boldsymbol{\beta}_2,\boldsymbol{\beta}_3,\boldsymbol{\beta}_4$ 线性无关　　　　D. $\boldsymbol{\beta}_1,\boldsymbol{\beta}_2,\boldsymbol{\beta}_3$ 线性无关

三、计算题

1. 设 $D=\begin{vmatrix}1&-1&1&3\\1&1&3&4\\1&1&2&3\\2&2&3&4\end{vmatrix}$，计算行列式的值.

2. 判定二次型 $f=-5x^2-6y^2-4z^2+4xy+4xz$ 的正定性.

3. 设 $\boldsymbol{A}=\begin{pmatrix}1&0&0\\-2&1&0\\7&-2&1\end{pmatrix}$，$\boldsymbol{B}=\begin{pmatrix}1&1\\1&2\\-1&0\end{pmatrix}$ 的解矩阵方程 $\boldsymbol{AX}=\boldsymbol{B}$，求矩阵 $\boldsymbol{X}$.

4. 设 $\boldsymbol{A}=\begin{pmatrix}1&-2&-4\\-2&x&-2\\-4&-2&1\end{pmatrix}$ 与 $\boldsymbol{\lambda}=\begin{pmatrix}5&0&0\\0&-4&0\\0&0&y\end{pmatrix}$ 相似，求出 x,y 的值.

5. 设有方程组 $\begin{cases}(1+\lambda)x_1+x_2+x_3=0\\x_1+(1+\lambda)x_2+x_3=3\\x_1+x_2+(1+\lambda)x_3=\lambda\end{cases}$，求：(1)$\lambda$ 何值时有唯一值？(2)λ 为何值时无解？(3)λ 为何值时多解？求出全部解.

6. 设 $\boldsymbol{A}=\begin{pmatrix}2&0&0\\1&2&-1\\1&0&1\end{pmatrix}$，求可逆矩阵 $\boldsymbol{P}$，使 $\boldsymbol{P}^{-1}\boldsymbol{AP}=\boldsymbol{\Lambda}$ 为对角阵.

四、证明题

设矩阵 $\boldsymbol{A}$ 可逆，求证其伴随矩阵 $\boldsymbol{A}^*$ 也可逆，且 $(\boldsymbol{A}^*)^{-1}=(\boldsymbol{A}^{-1})^*$.

自测习题二

一、填空题

1. 设 $\boldsymbol{A}=\begin{pmatrix}1&0&2&-1\\0&1&0&3\\0&0&3&4\end{pmatrix}$，则 $R(\boldsymbol{A})=$________.

2. 设 $\boldsymbol{A}$ 为 3 阶方阵，若 $|\boldsymbol{A}|=2$，则 $|(-2)\boldsymbol{A}|=$________.

3. 向量组 $\boldsymbol{A}:\boldsymbol{a}_1,\boldsymbol{a}_2,\cdots,\boldsymbol{a}_m$ 线性相关的充分必要条件是________.

4. 齐次线性方程组 $\begin{cases}x_1+x_2+x_3+x_4=0\\3x_1+2x_2+x_3+2x_4=0\end{cases}$ 的基础解系含解向量的个数是________.

5. 向量组 $\boldsymbol{A}:\boldsymbol{a}_1=(1,0,0)^{\mathrm{T}},\boldsymbol{a}_2=(0,1,0)^{\mathrm{T}},\boldsymbol{a}_3=(2,1,0)^{\mathrm{T}}$ 的一个最大无关组是________.

二、选择题

1. 下列(　　)是 5 元偶排列.

A. 54321　　B. 54123　　C. 32451　　D. 13245

2. $\begin{vmatrix}k&-1&1\\0&-1&0\\4&k&k\end{vmatrix}>0$ 的充分必要条件是(　　)

A. $k<0$　　B. $k>2$　　C. $|k|>2$　　D. $|k|<2$

3. 下列命题正确的是(　　)

A. 任意 n 个 $n+1$ 维向量必线性相关

B. 设 $\boldsymbol{A}$ 为任意 n 阶方阵，必有 $\boldsymbol{A}\sim\boldsymbol{E}$

C. 若 $\boldsymbol{\alpha}_1,\boldsymbol{\alpha}_2,\cdots,\boldsymbol{\alpha}_s$ 线性相关，则 $\boldsymbol{\alpha}_1$ 必能用 $\boldsymbol{\alpha}_2,\cdots,\boldsymbol{\alpha}_s$ 线性表示

D. 一组向量线性无关，则它的部分向量组必线性无关

4. 设 $\boldsymbol{A}=\begin{pmatrix}3&5\\2&4\end{pmatrix}$，则 $\boldsymbol{A}^{-1}=$(　　)

A. $\begin{pmatrix}4&-5\\-2&3\end{pmatrix}$　　B. $\begin{pmatrix}-3&2\\5&-4\end{pmatrix}$　　C. $\begin{pmatrix}3&-5\\-2&4\end{pmatrix}$　　D. $\dfrac{1}{2}\begin{pmatrix}4&-5\\-2&3\end{pmatrix}$

5. $\boldsymbol{A}$ 是 n 阶可逆矩阵，则下列恒成立的是(　　)

A. $(2\boldsymbol{A})^{\mathrm{T}}=\dfrac{1}{2}\boldsymbol{A}^{\mathrm{T}}$　　B. $(2\boldsymbol{A})^{-1}=2\boldsymbol{A}^{-1}$

C. $[(\boldsymbol{A}^{-1})^{-1}]^{\mathrm{T}}=[(\boldsymbol{A}^{\mathrm{T}})^{\mathrm{T}}]^{-1}$　　D. $[(\boldsymbol{A}^{-1})^{-1}]^{\mathrm{T}}=[(\boldsymbol{A}^{\mathrm{T}})^{-1}]^{-1}$

三、判断题

1. 设 $\boldsymbol{a}_1,\boldsymbol{a}_2,\boldsymbol{a}_3,\cdots,\boldsymbol{a}_m$ 为 n 维向量组，$\boldsymbol{A}$ 是 $m\times n$ 矩阵，若 $\boldsymbol{a}_1,\boldsymbol{a}_2,\boldsymbol{a}_3,\cdots,\boldsymbol{a}_m$ 线性相关，则 $\boldsymbol{A}\boldsymbol{a}_1,\boldsymbol{A}\boldsymbol{a}_2,\boldsymbol{A}\boldsymbol{a}_3,\cdots,\boldsymbol{A}\boldsymbol{a}_m$ 也线性相关.　　(　　)

2. 若 $\boldsymbol{a}_1,\boldsymbol{a}_2,\boldsymbol{a}_3,\cdots,\boldsymbol{a}_m$ 线性无关，则其中每一个向量都不是其余向量的线性组合. ( )

3. 设 $\boldsymbol{a}_1,\boldsymbol{a}_2,\boldsymbol{a}_3,\cdots,\boldsymbol{a}_m$ 为 n 维向量，若 $0\boldsymbol{a}_1+0\boldsymbol{a}_2+0\boldsymbol{a}_3+\cdots+0\boldsymbol{a}_m=\boldsymbol{0}$，则 $\boldsymbol{a}_1,\boldsymbol{a}_2,\boldsymbol{a}_3,\cdots,\boldsymbol{a}_m$ 线性无关. ( )

4. 设 $\boldsymbol{A},\boldsymbol{B},\boldsymbol{C},\boldsymbol{E}$ 为同阶矩阵，$\boldsymbol{E}$ 为单位矩阵，若 $\boldsymbol{ABC}=\boldsymbol{E}$，则 $\boldsymbol{ACB}=\boldsymbol{E}$ 总是成立的. ( )

5. 齐次线性方程组 $\boldsymbol{AX}=\boldsymbol{0}$ 是线性方程组 $\boldsymbol{AX}=\boldsymbol{B}$ 的导出方程组，若 $\boldsymbol{\eta}$ 是 $\boldsymbol{AX}=\boldsymbol{0}$ 的通解，$\boldsymbol{\eta}^*$ 是 $\boldsymbol{AX}=\boldsymbol{B}$ 的一个固定解，则 $\boldsymbol{\eta}+\boldsymbol{\eta}^*$ 是 $\boldsymbol{AX}=\boldsymbol{B}$ 的通解. ( )

四、计算题

1. $D=\begin{vmatrix}3&1&1&1\\1&3&1&1\\1&1&3&1\\1&1&1&3\end{vmatrix}$.

2. 设 $\boldsymbol{A}=\begin{pmatrix}1&1&1&1\\-1&3&1&3\\1&1&0&-5\\2&-4&-1&-3\end{pmatrix}$，求 $R(\boldsymbol{A})$.

3. 用初等行变换法求矩阵 $\boldsymbol{A}=\begin{pmatrix}1&-2&1\\2&-3&1\\3&1&-3\end{pmatrix}$ 的逆矩阵.

4. 设 $\boldsymbol{A}=\begin{pmatrix}1&0&0\\-2&1&0\\7&-2&1\end{pmatrix}$，$\boldsymbol{B}=\begin{pmatrix}1&1\\1&2\\-1&0\end{pmatrix}$ 的解矩阵方程 $\boldsymbol{AX}=\boldsymbol{B}$，求矩阵 $\boldsymbol{X}$.

5. 设矩阵 $\boldsymbol{A}=\begin{pmatrix}1&1&-2&1&4\\2&-1&-1&1&2\\4&-6&2&-2&4\\3&6&-9&7&9\end{pmatrix}$，求矩阵 $\boldsymbol{A}$ 的列向量组的一个最大无关组.

6. 求齐次线性方程组 $\begin{cases}x_1+x_2+x_3+x_4+x_5=0\\3x_1+2x_2+x_3+x_4-3x_5=0\\5x_1+4x_2+3x_3+3x_4-x_5=0\\x_2+2x_3+2x_4+6x_5=0\end{cases}$ 的基础解系与通解.

五、证明题

已知向量组 $\boldsymbol{a}_1,\boldsymbol{a}_2,\boldsymbol{a}_3$ 线性无关，$\boldsymbol{\beta}_1=\boldsymbol{a}_1+\boldsymbol{a}_2$，$\boldsymbol{\beta}_2=\boldsymbol{a}_2+\boldsymbol{a}_3$，$\boldsymbol{\beta}_3=\boldsymbol{a}_3+\boldsymbol{a}_1$，试证向量组 $\boldsymbol{\beta}_1,\boldsymbol{\beta}_2,\boldsymbol{\beta}_3$ 线性无关.

自测习题三

一、填空题

1. 设 $f(x)=\begin{vmatrix} x & x & 1 \\ 1 & x & 2 \\ 2 & 3 & x \end{vmatrix}$，则 x^3 的系数是________.

2. 排列 3712456 的逆序数为________.

3. 设行列式 $D=\begin{vmatrix} 1 & 2 & 5 & 5 \\ 1 & 1 & 1 & 1 \\ 1 & 5 & 3 & 7 \\ 5 & 3 & -2 & 2 \end{vmatrix}$，则 $A_{41}+A_{42}+A_{43}+A_{44}=$________，其中 A_{ij} 为元素 $a_{4j}(j=1,2,3,4)$ 的代数余子式.

4. 设 $\boldsymbol{A}$ 为 4 阶矩阵，且 $|\boldsymbol{A}|=2$，则 $||\boldsymbol{A}|\boldsymbol{A}|=$________.

5. 已知 $\boldsymbol{A}^3=\boldsymbol{I}$，则 $\boldsymbol{A}^{-1}=$________.

6. 设 $\boldsymbol{A}=\begin{pmatrix} 2 & -3 & 1 \\ 1 & a & 1 \\ 5 & 0 & 3 \end{pmatrix}$，且 $R(\boldsymbol{A})=2$，则 $a=$________.

7. 已知 $\boldsymbol{\alpha}=(3,5,7)^{\mathrm{T}}$，$\boldsymbol{\beta}=(-1,5,2)^{\mathrm{T}}$，$\boldsymbol{x}$ 满足 $2\boldsymbol{\alpha}+3\boldsymbol{x}=\boldsymbol{\beta}$，则 $\boldsymbol{x}=$________.

8. 已知 $\boldsymbol{\alpha}_1=(1,4,3)^{\mathrm{T}}$，$\boldsymbol{\alpha}_2=(2,t,-1)^{\mathrm{T}}$，$\boldsymbol{\alpha}_3=(-2,3,1)^{\mathrm{T}}$ 线性相关，则 $t=$________.

9. 已知矩阵 $\boldsymbol{A}=\begin{pmatrix} 3 & 1 \\ 5 & -1 \end{pmatrix}$，则 $\boldsymbol{A}$ 的特征值为________.

10. 齐次线性方程组 $\begin{cases} x_1+x_2+x_3+x_4=0 \\ 3x_1+2x_2+x_3+2x_4=0 \end{cases}$ 的基础解系含有解向量的个数是________.

二、选择题

1. 已知 $\begin{vmatrix} a_{11} & a_{12} & a_{13} \\ a_{21} & a_{22} & a_{23} \\ a_{31} & a_{32} & a_{33} \end{vmatrix}=3$，则 $\begin{vmatrix} a_{11} & 2a_{13} & -3a_{12} & 3a_{13} \\ a_{21} & 2a_{23} & -3a_{22} & 3a_{23} \\ a_{31} & 2a_{33} & -3a_{32} & 3a_{33} \end{vmatrix}=($　　$)$

A. 27　　B. -27　　C. 18　　D. -18

2. $\boldsymbol{A}$，$\boldsymbol{B}$ 均为 n 阶可逆矩阵，正确的公式是(　　)

A. $(\boldsymbol{A}^2)^{-1}=(\boldsymbol{A}^{-1})^2$　　B. $(k\boldsymbol{A})^{-1}=k\boldsymbol{A}^{-1}\quad(k\neq 0)$

C. $(\boldsymbol{A}+\boldsymbol{B})^{-1}=\boldsymbol{A}^{-1}+\boldsymbol{B}^{-1}$　　D. $(\boldsymbol{A}+\boldsymbol{B})(\boldsymbol{A}-\boldsymbol{B})=\boldsymbol{A}^2-\boldsymbol{B}^2$

3. 设 $\boldsymbol{A}$ 是 $m\times n$ 阶矩阵，$\boldsymbol{C}$ 是 n 阶可逆矩阵，$R(\boldsymbol{A})=r$，$R(\boldsymbol{AC})=r_1$，则(　　)

A. $r > r_1$　　B. $r < r_1$　　C. $r = r_1$　　D. r 与 r_1 的关系随 $\boldsymbol{C}$ 而定

4. 设 $\boldsymbol{A}$ 是 $m \times n$ 阶矩阵，且 $m < n$，若 $\boldsymbol{A}$ 的行向量组线性无关，则(　　)

A. $\boldsymbol{AX} = \boldsymbol{b}$ 有无穷多解　　B. $\boldsymbol{AX} = \boldsymbol{b}$ 有唯一解

C. $\boldsymbol{AX} = \boldsymbol{b}$ 无解　　D. $\boldsymbol{AX} = \boldsymbol{0}$ 仅有零解

5. 设 $\boldsymbol{A}$ 是 n 阶方阵，且 $R(\boldsymbol{A}) = n-1$，若 $\boldsymbol{\alpha}_1, \boldsymbol{\alpha}_2$ 是非齐次线性方程组 $\boldsymbol{Ax} = \boldsymbol{b}$ 的两个不同的解，则 $\boldsymbol{Ax} = \boldsymbol{0}$ 的通解为(　　)

A. $K\boldsymbol{\alpha}_1$　　B. $K\boldsymbol{\alpha}_2$　　C. $K(\boldsymbol{\alpha}_1 - \boldsymbol{\alpha}_2)$　　D. $K(\boldsymbol{\alpha}_1 + \boldsymbol{\alpha}_2)$

三、计算题

1. 计算行列式 $\begin{vmatrix} 1 & 2 & 3 & 4 \\ 1 & 0 & 1 & 2 \\ 3 & -1 & -1 & 0 \\ 1 & 2 & 0 & 5 \end{vmatrix}$.

2. 已知 $\boldsymbol{A} = \begin{pmatrix} 5 & -2 & 1 \\ 3 & 4 & 1 \end{pmatrix}$，$\boldsymbol{B} = \begin{pmatrix} -3 & 2 & 0 \\ -2 & 0 & 1 \end{pmatrix}$，试求 $2\boldsymbol{A} - 5\boldsymbol{B}$，$\boldsymbol{AB}^{\mathrm{T}}$，$|\boldsymbol{BA}^{\mathrm{T}}|$.

3. 求矩阵 $\boldsymbol{A} = \begin{pmatrix} 1 & 2 & 3 \\ 2 & 1 & 2 \\ 1 & 3 & 4 \end{pmatrix}$ 的逆矩阵.

4. 用初等行变换求矩阵 $\boldsymbol{A} = \begin{pmatrix} 1 & 3 & -1 & -2 \\ 2 & -1 & 2 & 3 \\ 3 & 2 & 1 & 1 \\ 1 & -4 & 5 & 5 \end{pmatrix}$ 的秩.

5. 求向量组 $\boldsymbol{\alpha}_1 = (2,4,2)^{\mathrm{T}}$，$\boldsymbol{\alpha}_2 = (1,1,0)^{\mathrm{T}}$，$\boldsymbol{\alpha}_3 = (2,3,1)^{\mathrm{T}}$，$\boldsymbol{\alpha}_4 = (3,5,2)^{\mathrm{T}}$ 的一个极大无关组，并把其余向量用该极大无关组线性表示.

6. 用基础解系表示下面方程组的全部解：

$$\begin{cases} x_1 + 5x_2 - x_3 - x_4 = -1 \\ x_1 - 2x_2 + x_3 + 3x_4 = 3 \\ 3x_1 + 8x_2 - x_3 + x_4 = 1 \\ x_1 - 9x_2 + 3x_3 + 7x_4 = 7 \end{cases}$$

四、证明题

设 $\boldsymbol{\alpha}_1, \boldsymbol{\alpha}_2, \boldsymbol{\alpha}_3$ 线性无关，且 $\boldsymbol{\beta}_1 = \boldsymbol{\alpha}_1 - \boldsymbol{\alpha}_2 + 2\boldsymbol{\alpha}_3$，$\boldsymbol{\beta}_2 = 2\boldsymbol{\alpha}_1 + \boldsymbol{\alpha}_3$，$\boldsymbol{\beta}_3 = 4\boldsymbol{\alpha}_1 + \boldsymbol{\alpha}_2 - 2\boldsymbol{\alpha}_3$，证明 $\boldsymbol{\beta}_1, \boldsymbol{\beta}_2, \boldsymbol{\beta}_3$ 线性无关.

自测习题四

一、填空题

1. 设行列式 $D=\begin{vmatrix}1&2&5&5\\1&1&1&1\\1&5&3&7\\5&3&-2&2\end{vmatrix}$，则 $A_{41}+A_{42}+A_{43}+A_{44}=$________.

其中 A_{ij} 为元素 $a_{4j}(j=1,2,3,4)$ 的代数余子式.

2. 设 $\boldsymbol{A}$ 为 3 阶矩阵，且 $|\boldsymbol{A}|=4$. 则 $\left|\left(\frac{1}{2}\boldsymbol{A}\right)^2\right|=$________.

3. 设 $\boldsymbol{A}=\begin{pmatrix}2&-3&1\\1&a&1\\5&0&3\end{pmatrix}$，且 $R(\boldsymbol{A})=2$，则 $a=$________.

4. 已知 $\boldsymbol{a}_1=(1,4,3)^{\mathrm{T}}$，$\boldsymbol{a}_2=(2,t,-1)^{\mathrm{T}}$，$\boldsymbol{a}_3=(-2,3,1)^{\mathrm{T}}$ 线性相关，则 $t=$________.

5. 已知 $\boldsymbol{a}=(3,5,7,9)^{\mathrm{T}}$，$\boldsymbol{b}=(-1,5,2,0)^{\mathrm{T}}$，$\boldsymbol{x}$ 满足 $2\boldsymbol{a}+3\boldsymbol{x}=\boldsymbol{b}$，则 $\boldsymbol{x}=$________.

二、选择题

1. 下列排列是偶排列的是(　　)

A. 54321　　B. 54123　　C. 23415　　D. 13245

2. 设 $\boldsymbol{A},\boldsymbol{B}$ 都是 n 阶方阵，且 $\boldsymbol{AB}=\boldsymbol{0}$，则必有(　　)

A. $\boldsymbol{A}=\boldsymbol{0}$ 或 $\boldsymbol{B}=\boldsymbol{0}$　　B. $\boldsymbol{AB}=\boldsymbol{0}$　　C. $|\boldsymbol{A}|=0$ 或 $|\boldsymbol{B}|=0$　　D. $|\boldsymbol{A}|+|\boldsymbol{B}|=0$

3. 设 $\boldsymbol{A}$ 是 n 阶可逆矩阵，则(　　)

A. 若 $\boldsymbol{AC}=\boldsymbol{BC}$，则 $\boldsymbol{A}=\boldsymbol{C}$

B. 总可以经过有限次初等行变换化为单位矩阵 $\boldsymbol{E}$

C. 对矩阵 $(\boldsymbol{A},\boldsymbol{E})$ 施行若干次初等变换，当 $\boldsymbol{A}$ 变为 $\boldsymbol{E}$ 时，相应地 $\boldsymbol{E}$ 变为 $\boldsymbol{A}$

D. 以上都不对

4. 设 $\boldsymbol{A}$ 为 4 阶方阵，且 $R(\boldsymbol{A})=4$，则 $R(\boldsymbol{A}^*)=$(　　)

A. 0　　B. 1　　C. 2　　D. 4

5. 设 $\boldsymbol{A}$ 是 $m\times n$ 阶矩阵，且 $m<n$. 若 $\boldsymbol{A}$ 的行向量组线性无关，则(　　)

A. $\boldsymbol{AX}=\boldsymbol{b}$ 有无穷多解　　B. $\boldsymbol{AX}=\boldsymbol{b}$ 有唯一解

C. $\boldsymbol{AX}=\boldsymbol{b}$ 无解　　D. $\boldsymbol{AX}=\boldsymbol{0}$ 仅有零解

三、计算题

1.计算行列式 $\begin{vmatrix} 2 & -5 & 1 & 2 \\ -3 & 7 & -1 & 4 \\ 5 & -9 & 2 & 7 \\ 4 & -6 & 1 & 2 \end{vmatrix}$.

2.用初等变换求矩阵 $\boldsymbol{A}=\begin{pmatrix} 1 & 2 & 3 \\ 2 & 1 & 2 \\ 1 & 3 & -4 \end{pmatrix}$ 的逆矩阵.

3.已知 $\boldsymbol{A}=\begin{pmatrix} 5 & -2 & 1 \\ 3 & 4 & 1 \end{pmatrix}$，$\boldsymbol{B}=\begin{pmatrix} -3 & 2 & 0 \\ -2 & 0 & 1 \end{pmatrix}$，试求：$2\boldsymbol{A}-5\boldsymbol{B}$，$\boldsymbol{A}\boldsymbol{B}^{\mathrm{T}}$.

4.用初等行变换求矩阵 $\boldsymbol{A}=\begin{pmatrix} 1 & -1 & 2 & 1 & 0 \\ 2 & -2 & 4 & -2 & 0 \\ 3 & 0 & 6 & -1 & 1 \\ 0 & 3 & 0 & 0 & 1 \end{pmatrix}$ 的秩.

5.向量组 $\boldsymbol{A}$：$\boldsymbol{a}_1=(1,1,2,1)^{\mathrm{T}}$，$\boldsymbol{a}_2=(3,1,4,2)^{\mathrm{T}}$，$\boldsymbol{a}_3=(4,2,6,3)^{\mathrm{T}}$，$\boldsymbol{a}_4=(2,2,4,2)^{\mathrm{T}}$，$\boldsymbol{a}_5=(5,3,8,4)^{\mathrm{T}}$.(1) 求向量组 $\boldsymbol{A}$ 的秩.(2) 求此向量组 $\boldsymbol{A}$ 的一个最大无关组.

6.设 $\boldsymbol{A}=\begin{pmatrix} 1 & 2 & 3 \\ 2 & 2 & 1 \\ 3 & 4 & 3 \end{pmatrix}$，$\boldsymbol{B}=\begin{pmatrix} 2 & 1 \\ 5 & 3 \end{pmatrix}$，$\boldsymbol{C}=\begin{pmatrix} 1 & 3 \\ 2 & 0 \\ 3 & 1 \end{pmatrix}$ 且满足 $\boldsymbol{AXB}=\boldsymbol{C}$，求矩阵 $\boldsymbol{X}$.

7.求齐次线性方程组 $\begin{cases} x_1+2x_2+2x_3+x_4=0 \\ 2x_1+x_2-2x_3-2x_4=0 \\ x_1-x_2-4x_3-3x_4=0 \end{cases}$ 的解.

四、证明题

已知 n 阶方阵 $\boldsymbol{A}$ 满足 $\boldsymbol{A}^2-\boldsymbol{A}-2\boldsymbol{E}=\boldsymbol{0}$，证明 $\boldsymbol{A}$ 及 $\boldsymbol{A}+2\boldsymbol{E}$ 可逆，并求 $\boldsymbol{A}^{-1}$ 及 $(\boldsymbol{A}+2\boldsymbol{E})^{-1}$.

自测习题答案

自测习题一答案

一、填空题

1. $ab(b-a)$　2. 15　3. $\frac{2}{3}$　4. $(-1)^{2+3}\begin{vmatrix}1 & 0\\2 & -1\end{vmatrix}$　5. $\begin{pmatrix}5 & -2\\-2 & 1\end{pmatrix}$

二、选择题

1. D　2. A　3. D　4. D　5. A

三、计算题

1. 原式$=\begin{vmatrix}1 & -1 & 1 & 3\\1 & 1 & 3 & 4\\1 & 1 & 2 & 3\\1 & 1 & 1 & 1\end{vmatrix}=\begin{vmatrix}1 & -1 & 1 & 3\\0 & 2 & 2 & 1\\0 & 2 & 1 & 0\\0 & 2 & 0 & -2\end{vmatrix}=\begin{vmatrix}1 & -1 & 1 & 3\\0 & 2 & 2 & 1\\0 & 0 & -1 & -1\\0 & 0 & -2 & -3\end{vmatrix}$

$$=\begin{vmatrix}1 & -1 & 1 & 3\\0 & 2 & 2 & 1\\0 & 0 & 1 & 1\\0 & 0 & 0 & -1\end{vmatrix}=-2$$

2. $\boldsymbol{A}=\begin{pmatrix}-5 & 2 & 2\\2 & -6 & 0\\2 & 0 & -4\end{pmatrix}$

$a_{11}=-5<0,\begin{vmatrix}a_{11} & a_{12}\\a_{21} & a_{22}\end{vmatrix}=26>0,|\boldsymbol{A}|=-80<0$

所以 f 为负定的.

3. 解：$(\boldsymbol{A},\boldsymbol{B})=\begin{pmatrix}1 & 0 & 0 & 1 & 1\\-2 & 1 & 0 & 1 & 2\\7 & -2 & 1 & -1 & 0\end{pmatrix}\sim\cdots\sim\begin{pmatrix}1 & 0 & 0 & 1 & 1\\0 & 1 & 0 & 3 & 4\\0 & 0 & 4 & -2 & 1\end{pmatrix}$

$\boldsymbol{A}\sim\boldsymbol{E}$，所以 $\boldsymbol{A}$ 可逆，$\boldsymbol{X}=\boldsymbol{A}^{-1}\boldsymbol{B}=\begin{pmatrix}1 & 1\\3 & 4\\-2 & 1\end{pmatrix}$

4. 由 $\boldsymbol{A}\sim\boldsymbol{\lambda}$，所以由 $|\boldsymbol{A}|=|\boldsymbol{\lambda}|$ 有 $5x-160=-20y$，由 $\sum a_{ii}=\sum\lambda_i$，有 $2x=1+y$，所以 $x=4,y=5$.

5. 因为 $|\boldsymbol{A}|=(3+\lambda)\lambda^2$，所以

(1) 当 $\lambda\neq0$ 且 $\lambda\neq-3$ 时方程组有唯一解

(2) 当 $\lambda=0$ 时 $R(\boldsymbol{A})=1,R(\boldsymbol{B})=2$，故无解

(3) 当 $\lambda=-3$ 时 $\boldsymbol{B}\sim\begin{pmatrix}1&0&-1&-1\\0&1&-1&-2\\0&0&0&0\end{pmatrix}$

通解为 $\boldsymbol{x}=C\begin{pmatrix}1\\1\\1\end{pmatrix}+\begin{pmatrix}-1\\-2\\0\end{pmatrix}$

6. 解：$\lambda\boldsymbol{E}-\boldsymbol{A}=\begin{pmatrix}\lambda-2&0&0\\-1&\lambda-2&1\\-1&0&\lambda-1\end{pmatrix}$

$|\lambda\boldsymbol{E}-\boldsymbol{A}|=\begin{vmatrix}\lambda-2&0&0\\-1&\lambda-2&1\\-1&0&\lambda-1\end{vmatrix}=(\lambda-1)(\lambda-2)^2=0$，得 $\lambda=1,\lambda=2$

若 $\lambda=1,\boldsymbol{E}-\boldsymbol{A}=\begin{pmatrix}-1&0&0\\-1&-1&1\\-1&0&0\end{pmatrix}\rightarrow\begin{pmatrix}1&0&0\\0&1&-1\\0&0&0\end{pmatrix}$,

$x_1=0,x_2=x_3,\boldsymbol{\xi}_1=\begin{pmatrix}0\\1\\1\end{pmatrix}$

若 $\lambda=2,2\boldsymbol{E}-\boldsymbol{A}=\begin{pmatrix}0&0&0\\-1&0&1\\-1&0&1\end{pmatrix}\rightarrow\begin{pmatrix}0&0&0\\-1&0&1\\0&0&0\end{pmatrix}$

$x_1=x_3,\boldsymbol{\xi}_2=\begin{pmatrix}0\\1\\0\end{pmatrix},\boldsymbol{\xi}_3=\begin{pmatrix}1\\0\\1\end{pmatrix}$.

$\exists\boldsymbol{P}=\begin{pmatrix}0&0&1\\1&1&0\\1&0&1\end{pmatrix}$，使 $\boldsymbol{P}^{-1}\boldsymbol{AP}=\begin{pmatrix}1&&\\&2&\\&&2\end{pmatrix}$.

四、证明题

证明：因为 $\boldsymbol{A}^{-1}=\dfrac{1}{|\boldsymbol{A}|}\boldsymbol{A}^*$

两端同乘以 $\boldsymbol{A}$ 有 $\boldsymbol{E}=\left(\frac{1}{|\boldsymbol{A}|}\boldsymbol{A}\right)\boldsymbol{A}^*$，$(\boldsymbol{A}^*)^{-1}=\frac{1}{|\boldsymbol{A}|}\boldsymbol{A}$

而 $(\boldsymbol{A}^{-1})^*=|\boldsymbol{A}^{-1}|(\boldsymbol{A}^{-1})^{-1}=\frac{1}{|\boldsymbol{A}|}\boldsymbol{A}$，即 $(\boldsymbol{A}^*)^{-1}=(\boldsymbol{A}^{-1})^*$

自测习题二答案

一、填空题

1. 3　2. -16　3. $R(\boldsymbol{A})<m$　4. 2　5. $\boldsymbol{a}_1,\boldsymbol{a}_2$

二、选择题

1. A　2. A　3. D　4. D　5. D

三、判断题

1. √　2. √　3. ×　4. ×　5. √

四、计算题

1. 解：$D=\begin{vmatrix}6&6&6&6\\1&3&1&1\\1&1&3&1\\1&1&1&3\end{vmatrix}=6\begin{vmatrix}1&1&1&1\\1&3&1&1\\1&1&3&1\\1&1&1&3\end{vmatrix}=6\begin{vmatrix}1&1&1&1\\0&2&0&0\\0&0&2&0\\0&0&0&2\end{vmatrix}=48$

2. 解：$\boldsymbol{A}\sim\cdots\sim\begin{pmatrix}1&1&1&1\\0&2&1&2\\0&0&-1&-6\\0&0&0&1\end{pmatrix}$，$R(\boldsymbol{A})=4$

3. 解：$(\boldsymbol{A},\boldsymbol{E})=\begin{pmatrix}1&-2&1&1&0&0\\2&-3&1&0&1&0\\3&1&-3&0&0&1\end{pmatrix}\sim\cdots\sim\begin{pmatrix}1&0&0&8&-5&1\\0&1&0&9&-6&1\\0&0&1&11&-7&1\end{pmatrix}$

$\boldsymbol{A}\sim\boldsymbol{E}$，所以 $\boldsymbol{A}$ 可逆，$\boldsymbol{A}^{-1}=\begin{pmatrix}8&-5&1\\9&-6&1\\11&-7&1\end{pmatrix}$

4. 解：$(\boldsymbol{A},\boldsymbol{B})=\begin{pmatrix}1&0&0&1&1\\-2&1&0&1&2\\7&-2&1&-1&0\end{pmatrix}\sim\cdots\sim\begin{pmatrix}1&0&0&1&1\\0&1&0&3&4\\0&0&1&-2&1\end{pmatrix}$

$\boldsymbol{A}\sim\boldsymbol{E}$，所以 $\boldsymbol{A}$ 可逆，$\boldsymbol{X}=\boldsymbol{A}^{-1}\boldsymbol{B}=\begin{pmatrix}1&1\\3&4\\-2&1\end{pmatrix}$

5. 解：$\boldsymbol{A} \sim \cdots \sim \begin{pmatrix} 1 & 1 & -2 & 1 & 4 \\ 0 & 1 & -1 & 1 & 0 \\ 0 & 0 & 0 & 1 & -3 \\ 0 & 0 & 0 & 0 & 0 \end{pmatrix}$

令 $\boldsymbol{A}=(\boldsymbol{a}_1,\boldsymbol{a}_2,\boldsymbol{a}_3,\boldsymbol{a}_4,\boldsymbol{a}_5)$，$R(\boldsymbol{A})=3$

$(\boldsymbol{a}_1,\boldsymbol{a}_2,\boldsymbol{a}_4) \sim \begin{pmatrix} 1 & 1 & 1 \\ 0 & 1 & 1 \\ 0 & 0 & 1 \\ 0 & 0 & 0 \end{pmatrix}$，$R(\boldsymbol{a}_1,\boldsymbol{a}_2,\boldsymbol{a}_4)=3$，所以 $\boldsymbol{a}_1,\boldsymbol{a}_2,\boldsymbol{a}_4$ 线性无关

故 $\boldsymbol{a}_1,\boldsymbol{a}_2,\boldsymbol{a}_4$ 为 $\boldsymbol{A}$ 的列向量组的一个最大无关组.

6. 解：$\boldsymbol{A}=\begin{pmatrix} 1 & 1 & 1 & 1 & 1 \\ 3 & 2 & 1 & 1 & -3 \\ 5 & 4 & 3 & 3 & -1 \\ 0 & 1 & 2 & 2 & 6 \end{pmatrix} \sim \cdots \sim \begin{pmatrix} 1 & 0 & -1 & -1 & -5 \\ 0 & 1 & 2 & 2 & 6 \\ 0 & 0 & 0 & 0 & 0 \\ 0 & 0 & 0 & 0 & 0 \end{pmatrix}$

$n-r=5-2=3$

方程组的基础解系为：$\boldsymbol{a}_1=(1,-2,1,0,0)^{\mathrm{T}}$，$\boldsymbol{a}_2=(1,-2,0,1,0)^{\mathrm{T}}$，$\boldsymbol{a}_3=(5,-6,0,0,1)^{\mathrm{T}}$

方程组的通解为 $\boldsymbol{\eta}=c_1\boldsymbol{a}_1+c_2\boldsymbol{a}_2+c_3\boldsymbol{a}_3(c_1,c_2\in\mathbf{R})$

五、证明题

证明：设有 x_1,x_2,x_3，使 $x_1\boldsymbol{\beta}_1+x_2\boldsymbol{\beta}_2+x_3\boldsymbol{\beta}_3=\mathbf{0}$

即 $x_1(\boldsymbol{a}_1+\boldsymbol{a}_2)+x_2(\boldsymbol{a}_2+\boldsymbol{a}_3)+x_3(\boldsymbol{a}_3+\boldsymbol{a}_1)=\mathbf{0}$

$(x_1+x_3)\boldsymbol{a}_1+(x_1+x_2)\boldsymbol{a}_2+(x_2+x_3)\boldsymbol{a}_3=\mathbf{0}$

因为 x_1,x_2,x_3 线性无关，所以

$\begin{cases} x_1+x_3=0 \\ x_1+x_2=0 \\ x_2+x_3=0 \end{cases}$，$D=\begin{vmatrix} 1 & 0 & 1 \\ 1 & 1 & 0 \\ 0 & 1 & 1 \end{vmatrix}=2\neq 0$

因而方程组有唯一解，即只有零解 $x_1=x_2=x_3=0$，故向量组 $\boldsymbol{\beta}_1,\boldsymbol{\beta}_2,\boldsymbol{\beta}_3$ 线性无关.

自测习题三答案

一、填空题

1. 1　2. 7　3. 0　4. 32　5. $\boldsymbol{A}^2$　6. 6　7. $(-\frac{7}{3},-\frac{5}{3},-4,-6)$　8. -3

9. 4，-2　10. 2 个

二、选择题

1. B 2. A 3. C 4. A 5. C

三、计算题

1. 解：原式$=\begin{vmatrix}1&2&3&4\\1&0&1&2\\3&-1&-1&0\\1&2&0&5\end{vmatrix}=\begin{vmatrix}1&2&3&4\\0&-2&-2&-2\\0&-7&-10&-1\\0&0&-3&1\end{vmatrix}=2\begin{vmatrix}1&1&1\\7&10&12\\0&-3&1\end{vmatrix}$

$$=2\begin{vmatrix}1&1&1\\0&3&5\\0&-3&1\end{vmatrix}=2\begin{vmatrix}3&5\\-3&1\end{vmatrix}=2(3+15)=36$$

2. 解：$2\boldsymbol{A}-5\boldsymbol{B}=\begin{pmatrix}10&-4&2\\6&8&-2\end{pmatrix}-\begin{pmatrix}-15&10&0\\-10&0&5\end{pmatrix}=\begin{pmatrix}25&-14&2\\16&8&-7\end{pmatrix}$

$\boldsymbol{AB}^{\mathrm{T}}=\begin{pmatrix}5&-2&1\\3&4&-1\end{pmatrix}\begin{pmatrix}-3&-2\\2&0\\0&1\end{pmatrix}=\begin{pmatrix}-19&-9\\-1&-7\end{pmatrix}$

$|\boldsymbol{BA}^{\mathrm{T}}|=\left|\begin{pmatrix}-3&2&0\\-2&0&1\end{pmatrix}\begin{pmatrix}5&3\\-2&4\\1&1\end{pmatrix}\right|=\begin{vmatrix}-19&1\\-9&-5\end{vmatrix}=104$

3. 解：$(\boldsymbol{A},\boldsymbol{E})=\begin{pmatrix}1&2&3&1&0&0\\2&1&2&0&1&0\\1&3&4&0&0&1\end{pmatrix}\sim\cdots\sim\begin{pmatrix}1&0&0&-2&1&1\\0&1&0&-6&1&4\\0&0&1&5&-1&-3\end{pmatrix}$

所以 $\boldsymbol{A}^{-1}=\begin{pmatrix}-2&1&1\\-6&1&4\\5&-1&-3\end{pmatrix}$

4. 解：$\boldsymbol{A}=\begin{pmatrix}1&3&-1&-2\\2&-1&2&3\\3&2&1&1\\1&-4&5&5\end{pmatrix}\sim\begin{pmatrix}1&3&-1&-2\\0&-7&4&7\\0&-7&4&7\\0&-7&6&7\end{pmatrix}\sim$

$$\begin{pmatrix}1&3&-1&-2\\0&-7&4&7\\0&-7&6&7\\0&0&0&0\end{pmatrix}\sim\begin{pmatrix}1&3&-1&-2\\0&-7&4&7\\0&0&2&0\\0&0&0&0\end{pmatrix}$$

$$R(\boldsymbol{A})=3$$

5. 解：$\boldsymbol{A}=(\boldsymbol{a}_1,\boldsymbol{a}_2,\boldsymbol{a}_3,\boldsymbol{a}_4)$

$$=\begin{pmatrix}2&1&2&3\\4&1&3&5\\2&0&1&2\end{pmatrix}\sim\begin{pmatrix}2&1&2&3\\0&-1&-1&-1\\0&-1&-1&-1\end{pmatrix}\sim\begin{pmatrix}2&1&2&3\\0&1&1&1\\0&0&0&0\end{pmatrix}\sim\begin{pmatrix}2&0&1&3\\0&1&1&1\\0&0&0&0\end{pmatrix}$$

$R(\boldsymbol{A})=2$，$\boldsymbol{a}_1,\boldsymbol{a}_2$ 为该向量组的一最大无关组.

且 $\boldsymbol{a}_3=\frac{1}{2}\boldsymbol{\alpha}_1+\boldsymbol{\alpha}_2,\boldsymbol{\alpha}_4=\frac{3}{2}\boldsymbol{\alpha}_1+\boldsymbol{\alpha}_3$

6. 解：作方程组的增广矩阵$(\boldsymbol{A}\vdots\boldsymbol{b})$，并对它施以初等行变换

$$(\boldsymbol{A}\vdots\boldsymbol{b})=\left(\begin{array}{cccc:c}1&5&-1&-1&-1\\1&-2&1&3&3\\3&8&-1&1&1\\1&-9&3&7&7\end{array}\right)\sim\cdots\sim\left(\begin{array}{cccc:c}1&0&\frac{3}{7}&\frac{13}{7}&\frac{13}{7}\\0&1&-\frac{2}{7}&-\frac{4}{7}&-\frac{4}{7}\\0&0&0&0&0\\0&0&0&0&0\end{array}\right)$$

即方程组同解于

$$\begin{cases}x_1=\frac{13}{7}-\frac{3}{7}x_3-\frac{13}{7}x_4\\x_2=-\frac{4}{7}+\frac{2}{7}x_3+\frac{4}{7}x_4\end{cases}$$

其中，x_3,x_4 为自由未知量，令 $\begin{pmatrix}x_3\\x_4\end{pmatrix}=\begin{pmatrix}0\\0\end{pmatrix}$，得方程组的一个解 $\boldsymbol{\eta}=\begin{pmatrix}\frac{13}{7}\\-\frac{4}{7}\\0\\0\end{pmatrix}$.

原方程组的导出组同解于

$$\begin{cases}x_1=\frac{3}{7}x_3-\frac{13}{7}x_4\\x_2=\frac{2}{7}x_3+\frac{4}{7}x_4\end{cases}$$

其中，x_3,x_4 为自由未知量，令

$$\begin{pmatrix}x_3\\x_4\end{pmatrix}=\begin{pmatrix}1\\0\end{pmatrix},\begin{pmatrix}0\\1\end{pmatrix}$$

即导出组的基础解系为

$$\boldsymbol{\xi}_1=\begin{pmatrix}-\frac{3}{7}\\\frac{2}{7}\\1\\0\end{pmatrix},\quad\boldsymbol{\xi}_2=\begin{pmatrix}-\frac{13}{7}\\\frac{4}{7}\\0\\1\end{pmatrix}$$

因此方程组的全部解为

$$x=\boldsymbol{\eta}+c_1\boldsymbol{\xi}_1+c_2\boldsymbol{\xi}_2=\begin{pmatrix}\frac{13}{7}\\-\frac{4}{7}\\0\\0\end{pmatrix}+c_1\begin{pmatrix}-\frac{3}{7}\\\frac{2}{7}\\1\\0\end{pmatrix}+c_2\begin{pmatrix}-\frac{13}{7}\\\frac{4}{7}\\0\\1\end{pmatrix}$$

四、证明题

证明:设有一组数 k_1,k_2,k_3 使得 $k_1\boldsymbol{\beta}_1+k_2\boldsymbol{\beta}_2+k_3\boldsymbol{\beta}_3=\mathbf{0}$,即

$$k_1(\boldsymbol{\alpha}_1-\boldsymbol{\alpha}_2+2\boldsymbol{\alpha}_3)+k_2(2\boldsymbol{\alpha}_1+\boldsymbol{\alpha}_3)+k_3(4\boldsymbol{\alpha}_1+\boldsymbol{\alpha}_2-2\boldsymbol{\alpha}_3)=\mathbf{0}$$

整理得

$$(k_1+2k_2+4k_3)\boldsymbol{\alpha}_1+(-k_1+k_3)\boldsymbol{\alpha}_2+(2k_1+k_2-2k_3)\boldsymbol{\alpha}_3=\mathbf{0}$$

因为 $\boldsymbol{\alpha}_1,\boldsymbol{\alpha}_2,\boldsymbol{\alpha}_3$ 线性无关,故

$$\begin{cases}k_1+2k_2+4k_3=0\\-k_1+k_3=0\\2k_1+k_2-2k_3=0\end{cases}$$

因为 $\begin{vmatrix}1&2&4\\-1&0&1\\2&1&-2\end{vmatrix}\neq 0$,故 $k_1=k_2=k_3=0$,故向量 $\boldsymbol{\beta}_1,\boldsymbol{\beta}_2,\boldsymbol{\beta}_3$ 线性无关.

自测习题四答案

一、填空题

1.0　2. $\frac{1}{4}$　3.6　4. -3　5. $\left(-\frac{7}{3},-\frac{5}{3},-4,-6\right)$

二、选择题

1.A　2.C　3.B　4.D　5.A

三、计算题

1.解:原式 $=\begin{vmatrix}2&-5&1&2\\-1&2&0&6\\1&1&0&3\\2&-1&0&0\end{vmatrix}=\begin{vmatrix}-1&2&6\\1&1&3\\0&-3&-6\end{vmatrix}$

$$=\begin{vmatrix}0&3&9\\1&1&3\\0&-3&-6\end{vmatrix}=-\begin{vmatrix}3&9\\-3&-6\end{vmatrix}=-9$$

2. 解：

$$(\boldsymbol{A},\boldsymbol{E})=\begin{pmatrix}1&2&3&1&0&0\\2&1&2&0&1&0\\1&3&4&0&0&1\end{pmatrix}\sim\cdots\sim\begin{pmatrix}1&0&0&-2&1&1\\0&1&0&-6&1&4\\0&0&1&5&-1&-3\end{pmatrix}$$

所以

$$\boldsymbol{A}^{-1}=\begin{pmatrix}-2&1&1\\-6&1&4\\5&-1&-3\end{pmatrix}$$

3. 解：$2\boldsymbol{A}-5\boldsymbol{B}=\begin{pmatrix}10&-4&2\\6&8&-2\end{pmatrix}-\begin{pmatrix}-15&10&0\\-10&0&5\end{pmatrix}=\begin{pmatrix}25&-14&2\\16&8&-7\end{pmatrix}$

$$\boldsymbol{AB}^{\mathrm{T}}=\begin{pmatrix}5&-2&1\\3&4&-1\end{pmatrix}\begin{pmatrix}-3&-2\\2&0\\0&1\end{pmatrix}=\begin{pmatrix}-19&-9\\-1&-7\end{pmatrix}$$

4. 解：$\boldsymbol{A}=\begin{pmatrix}1&-1&2&1&0\\2&-2&4&-2&0\\3&0&6&-1&1\\0&3&0&0&1\end{pmatrix}\sim\begin{pmatrix}1&-1&2&1&0\\0&3&0&-4&1\\0&0&0&4&0\\0&0&0&0&0\end{pmatrix}$

$$R(\boldsymbol{A})=3$$

5. 解：$\boldsymbol{A}=(\boldsymbol{a}_1,\boldsymbol{a}_2,\boldsymbol{a}_3,\boldsymbol{a}_4,\boldsymbol{a}_5)=\begin{pmatrix}1&3&4&2&5\\1&1&2&2&3\\2&4&6&4&8\\1&2&3&2&4\end{pmatrix}\sim\begin{pmatrix}1&3&4&2&5\\0&1&1&0&1\\0&0&0&0&0\\0&0&0&0&0\end{pmatrix}$

所以 $R(\boldsymbol{A})=2$，$\boldsymbol{a}_1,\boldsymbol{a}_2$ 为该向量组的一个最大无关组.

6. 解：因为 $|\boldsymbol{A}|=2\neq 0$，所以 $\boldsymbol{A}$ 可逆且 $\boldsymbol{A}^{-1}=\begin{pmatrix}1&3&-2\\-\frac{3}{2}&-3&\frac{5}{2}\\1&1&-1\end{pmatrix}$

又因为 $|\boldsymbol{B}|=1\neq 0$，所以 $\boldsymbol{B}$ 可逆且 $\boldsymbol{B}^{-1}=\begin{pmatrix}3&-1\\-5&2\end{pmatrix}$

于是 $\boldsymbol{X}=\boldsymbol{A}^{-1}\boldsymbol{C}\boldsymbol{B}^{-1}=\begin{pmatrix}1&3&-2\\-\frac{3}{2}&-3&\frac{5}{2}\\1&1&-1\end{pmatrix}\begin{pmatrix}1&3\\2&0\\3&1\end{pmatrix}\begin{pmatrix}3&-1\\-5&2\end{pmatrix}=\begin{pmatrix}-2&1\\10&-4\\-10&4\end{pmatrix}$

7. 解：$\boldsymbol{A}=\begin{pmatrix}1 & 2 & 2 & 1\\ 2 & 1 & -2 & -2\\ 1 & -1 & -4 & -3\end{pmatrix}\sim\begin{pmatrix}1 & 0 & -2 & -\frac{5}{3}\\ 0 & 1 & 2 & \frac{4}{3}\\ 0 & 0 & 0 & 0\end{pmatrix}$

即得与原方程组同解的方程组 $\begin{cases}x_1-2x_3-\frac{5}{3}x_4=0\\ x_2+2x_3+\frac{4}{3}x_4=0\end{cases}$

取 $x_3=c_1, x_4=c_2$，得 $\begin{pmatrix}x_1\\ x_2\\ x_3\\ x_4\end{pmatrix}=c_1\begin{pmatrix}-2\\ 2\\ 1\\ 0\end{pmatrix}+c_2\begin{pmatrix}\frac{5}{3}\\ -\frac{4}{3}\\ 0\\ 1\end{pmatrix}$

四、证明题

证明：$\boldsymbol{A}^2-\boldsymbol{A}-2\boldsymbol{E}=\boldsymbol{0}\Rightarrow\boldsymbol{A}\cdot\frac{1}{2}(\boldsymbol{A}-2\boldsymbol{E})=\boldsymbol{E}\Rightarrow|\boldsymbol{A}|\cdot\left|\frac{1}{2}(\boldsymbol{A}-2\boldsymbol{E})\right|=1\neq 0\Rightarrow|\boldsymbol{A}|\neq 0\Rightarrow\boldsymbol{A}$ 可逆且 $\boldsymbol{A}^{-1}=\frac{1}{2}(\boldsymbol{A}-2\boldsymbol{E})$.

$\boldsymbol{A}^2-\boldsymbol{A}-2\boldsymbol{E}=\boldsymbol{0}\Rightarrow-\frac{1}{4}(\boldsymbol{A}-3\boldsymbol{E})(\boldsymbol{A}+2\boldsymbol{E})=\boldsymbol{E}\Rightarrow\left|-\frac{1}{4}(\boldsymbol{A}-3\boldsymbol{E})\right|\cdot|\boldsymbol{A}+2\boldsymbol{E}|=1\neq 0\Rightarrow|\boldsymbol{A}+2\boldsymbol{E}|\neq 0\Rightarrow(\boldsymbol{A}+2\boldsymbol{E})$ 可逆且 $(\boldsymbol{A}+2\boldsymbol{E})^{-1}=-\frac{1}{4}(\boldsymbol{A}-3\boldsymbol{E})$.

参 考 文 献

[1] 同济大学数学系. 线性代数[M]. 6 版. 北京:高等教育出版社，2014.

[2] 孔繁亮. 线性代数[M]. 哈尔滨:哈尔滨工业大学出版社，2009.

[3] 费伟劲. 线性代数[M]. 上海:复旦大学出版社,2014.

[4] 张保才 线性代数[M]. 北京:人民交通出版社，2015.

[5] 吴赣昌. 线性代数(理工类)[M]. 4 版.北京:中国人民大学出版社，2011.

[6] 赵树嫄. 线性代[M]. 4 版. 北京:中国人民大学出版社，2014.